東京大学工学教程

基礎系 数学
常微分方程式

東京大学工学教程編纂委員会 編   佐々成正
                            井上純一   著

Ordinary
Differential Equation
SCHOOL OF ENGINEERING
THE UNIVERSITY OF TOKYO

丸善出版

東京大学工学教程

編纂にあたって

　東京大学工学部，および東京大学大学院工学系研究科において教育する工学は
いかにあるべきか．1886 年に開学した本学工学部・工学系研究科が 125 年を経て，
改めて自問し自答すべき問いである．西洋文明の導入に端を発し，諸外国の先端
技術追奪の一世紀を経て，世界の工学研究教育機関の頂点の一つに立った今，伝
統を踏まえて，あらためて確固たる基礎を築くことこそ，創造を支える教育の使
命であろう．国内のみならず世界から集う最優秀な学生に対して教授すべき工学，
すなわち，学生が本学で学ぶべき工学を開示することは，本学工学部・工学系研
究科の責務であるとともに，社会と時代の要請でもある．追奪から頂点への歴史
的な転機を迎え，本学工学部・工学系研究科が執る教育を聖域として閉ざすこと
なく，工学の知の殿堂として世界に問う教程がこの「東京大学工学教程」である．
したがって照準は本学工学部・工学系研究科の学生に定めている．本工学教程は，
本学の学生が学ぶべき知を示すとともに，本学の教員が学生に教授すべき知を示
す教程である．

2012 年 2 月

2010–2011 年度
東京大学工学部長・大学院工学系研究科長　　北　森　武　彦

東京大学工学教程
刊 行 の 趣 旨

　現代の工学は，基礎基盤工学の学問領域と，特定のシステムや対象を取り扱う総合工学という学問領域から構成される．学際領域や複合領域は，学問の領域が伝統的な一つの基礎基盤ディシプリンに収まらずに複数の学問領域が融合したり，複合してできる新たな学問領域であり，一度確立した学際領域や複合領域は自立して総合工学として発展していく場合もある．さらに，学際化や複合化はいまや基礎基盤工学の中でも先端研究においてますます進んでいる．

　このような状況は，工学におけるさまざまな課題も生み出している．総合工学における研究対象は次第に大きくなり，経済，医学や社会とも連携して巨大複雑系社会システムまで発展し，その結果，内包する学問領域が大きくなり研究分野として自己完結する傾向から，基礎基盤工学との連携が疎かになる傾向がある．基礎基盤工学においては，限られた時間の中で，伝統的なディシプリンに立脚した確固たる工学教育と，急速に学際化と複合化を続ける先端工学研究をいかにしてつないでいくかという課題は，世界のトップ工学校に共通した教育課題といえる．また，研究最前線における現代的な研究方法論を学ばせる教育も，確固とした工学知の前提がなければ成立しない．工学の高等教育における二面性ともいえ，いずれを欠いても工学の高等教育は成立しない．

　一方，大学の国際化は当たり前のように進んでいる．東京大学においても工学の分野では大学院学生の四分の一は留学生であり，今後は学部学生の留学生比率もますます高まるであろうし，若年層人口が減少する中，わが国が確保すべき高度科学技術人材を海外に求めることもいよいよ本格化するであろう．工学の教育現場における国際化が急速に進むことは明らかである．そのような中，本学が教授すべき工学知を確固たる教程として示すことは国内に限らず，広く世界にも向けられるべきである．2020 年までに本学における工学の大学院教育の 7 割，学部教育の 3 割ないし 5 割を英語化する教育計画はその具体策の一つであり，工学の

教育研究における国際標準語としての英語による出版はきわめて重要である.

　現代の工学を取り巻く状況を踏まえ,東京大学工学部・工学系研究科は,工学の基礎基盤を整え,科学技術先進国のトップの工学部・工学系研究科として学生が学び,かつ教員が教授するための指標を確固たるものとすることを目的として,時代に左右されない工学基礎知識を体系的に本工学教程としてとりまとめた.本工学教程は,東京大学工学部・工学系研究科のディシプリンの提示と教授指針の明示化であり,基礎(2年生後半から3年生を対象),専門基礎(4年生から大学院修士課程を対象),専門(大学院修士課程を対象)から構成される.したがって,工学教程は,博士課程教育の基盤形成に必要な工学知の徹底教育の指針でもある.工学教程の効用として次のことを期待している.

- 工学教程の全巻構成を示すことによって,各自の分野で身につけておくべき学問が何であり,次にどのような内容を学ぶことになるのか,基礎科目と自身の分野との間で学んでおくべき内容は何かなど,学ぶべき全体像を見通せるようになる.
- 東京大学工学部・工学系研究科のスタンダードとして何を教えるか,学生は何を知っておくべきかを示し,教育の根幹を作り上げる.
- 専門が進んでいくと改めて,新しい基礎科目の勉強が必要になることがある.そのときに立ち戻ることができる教科書になる.
- 基礎科目においても,工学部的な視点による解説を盛り込むことにより,常に工学への展開を意識した基礎科目の学習が可能となる.

東京大学工学教程編纂委員会　　委員長　大久保　達　也

幹　事　吉　村　　　忍

基礎系 数学

刊行にあたって

　数学関連の工学教程は全17巻からなり，その相互関連は次ページの図に示すとおりである．この図における「基礎」，「専門基礎」，「専門」の分類は，数学に近い分野を専攻する学生を対象とした目安であり，矢印は各分野の相互関係および学習の順序のガイドラインを示している．その他の工学諸分野を専攻する学生は，そのガイドラインに従って，適宜選択し，学習を進めて欲しい．「基礎」は，ほぼ教養学部から3年程度の内容ですべての学生が学ぶべき基礎的事項であり，「専門基礎」は，4年生から大学院で学科・専攻ごとの専門科目を理解するために必要とされる内容である．「専門」は，さらに進んだ大学院レベルの高度な内容で，「基礎」，「専門基礎」の内容を俯瞰的・統一的に理解することを目指している．

　数学は，論理の学問でありその力を訓練する場でもある．工学者はすべてこの「論理的に考える」ことを学ぶ必要がある．また，多くの分野に分かれてはいるが，相互に密接に関連しており，その全体としての統一性を意識して欲しい．

＊　　　＊　　　＊

　常微分方程式は，物理現象，ひいては社会現象をも記述するためになくてはならない道具である．そればかりでなく，それ自体が美しい理論構造を持つ分野でもあり，特に線形常微分方程式に対しては精緻な一般論が構築され，固有関数展開を通じて偏微分方程式論や関数空間論の基礎を与えている．非線形常微分方程式に対しては，さらに豊富な内容が今日も研究の対象となっている．本書では，多くの具体例，応用例を示しながら常微分方程式の多彩な側面を解説する．

東京大学工学教程編纂委員会
数学編集委員会

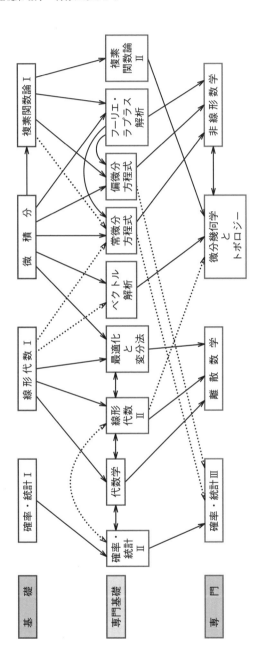

工学教程（数学分野）の相互関連図

目　　次

は　じ　め　に

　本書は，理工系学部および修士課程の学生を対象とした常微分方程式の教科書
で，各専門分野を学ぶ際に必要となる数学的な基礎事項，およびその応用につい
て解説している．

　微分方程式は理工学分野の基礎科目の中でも，特に重要なものだと考えられて
いる．それは，多くの物理法則が微分方程式の形で記述されているからに他なら
ない．質点の運動を，時間微分を使った法則から求める手法—Newton 力学—は
17 世紀後半，Newton によって創始され，惑星の運動をはじめとする力学現象の
理解に大きな成功を収めた．その後も，自然科学あるいは社会科学におけるさま
ざまな現象の記述に微分方程式が用いられ，科学全般の基礎を支える重要な一分
野となっている．

　本書では，理工学分野のさまざまな場面で用いられる常微分方程式に対し，初
等的な解法からやや高度な手法までを幅広く紹介している．まず，1 章では簡単な
常微分方程式で記述される典型的問題をいくつか挙げて，常微分方程式に慣れる
ための導入部とした．また，2 章では求積法で解ける 1 階常微分方程式について，
例題を交えながら，系統的な解説を行った．3〜5 章では，理工学分野で応用事例
の多い，2 階線形常微分方程式に関する項目について解説した．定数係数，すな
わち求積法で解ける場合について，その解法と応用例を 3 章で解説した．4 章で
は求積法が使えない変数係数の場合について，級数解法および因子分解法を使っ
た解法を紹介している．また，5 章では 2 階線形常微分方程式に対する境界値問
題について，Green 関数による扱いも含めて解説した．6 章では高階常微分方程
式と連立常微分方程式の解法とその性質についてまとめている．最後の 7 章では，
解の具体的関数形が求められない問題に対し，解曲線群の概形から系の性質を読
み解く手法，定性的理論について概説した．1 章から 3 章までを井上が，4 章から
7 章までを佐々が執筆し，両者が協議して全体を調整している．

　本書では，特に前半部分において工学分野からの応用例を数多く取り込んで，実
践的な解説を試みた．また，数学的厳密性よりわかりやすさを優先するため，多

くの定理において証明を省略し，その代わりに例題を掲げるなどして，具体的な
理解の助けになる様に工夫している．省略された証明の詳細に興味のある読者は，
ぜひ巻末に挙げた参考文献を参照して頂きたい．

1 常微分方程式の例

常微分方程式を捉える視座には何通りかある．本章では現象を数理モデル化する言語としての常微分方程式が，理工学の諸問題においてどのように用いられているかを概観する．具体的な題材として，古典力学に従う初等的な質点運動，および電気回路中の電流の時間変化を考える．常微分方程式の解を求める系統的方法の提示ではなく，その方程式が記述している現象の背景に着目して発見的に解を構成し，解の振る舞いの特徴に焦点をあわせる．同時に，そのような発見的な方法の限界をも感じることで，2章以降で展開される数学的に基礎づけられた常微分方程式の系統的解法への動機づけとする．

1.1 落 下 運 動

これまで微分方程式に一度も触れたことのない読者はいないと思われるが，「解く」過程は初めてという場合を想定し，やや冗長な説明から始める．

最も簡単な例として，重力だけを受けて鉛直方向に運動する質量 m の質点の運動方程式を取り上げよう．重力加速度を g とし，鉛直上向きを x 軸にとる．時刻 t での質点の位置座標を $x = x(t)$ とすれば，運動方程式は

$$m\frac{d^2x(t)}{dt^2} = -mg \tag{1.1}$$

である．求めたいものは未知関数 $x(t)$ であり，運動方程式は未知関数が満たすべき関係を与えている．このように，未知関数 $x(t)$ を決める方程式が $x(t)$ の微分を含む形で与えられているとき，その方程式を微分方程式という．

以下，慣性質量，重力質量の区別をせず，両辺を m で割った式を考えよう．$x(t)$ を2度微分して定数 $-g$ を与える関数を求めることが要求されている．2階微分の結果，定数になる関数は t^2 に比例するものであることはすぐにわかる．係数 $-g$ が残るように調整した $x(t) = -gt^2/2$ が微分方程式 (1.1) の解であることは，実際に代入すれば等号が成立することから確認できる．しかし，これは解の1つに過ぎない．例えば，C を任意の定数として $x(t) = -gt^2/2 + C$ も解である．これ

らの状況を整理して記述しよう.

　解くべき微分方程式は, $x(t)$ の t に関する 2 階微分を含んでいる. 一般に, 2 次代数方程式よりは 1 次代数方程式の方が, 2 元連立方程式よりは連立ではない方程式の方が取り扱いが容易である. 微分方程式においても, 微分の階数が少ない方が扱いが容易であろうと予想できる. その方針の下, $d^2x(t)/dt^2 = -g$ を 1 階微分までで書けている方程式に書き直そう. それには $x(t)$ の微分方程式ではなく, 速度 $v(t) = dx(t)/dt$ に関する微分方程式を考えればよい. すると

$$\frac{dv(t)}{dt} = -g \tag{1.2}$$

となる. 右辺はあえて $-g+0$ と読むことにする. 多項式の微分は各単項式の微分の結果の和であったので, その逆を考えれば, t で微分した結果 $-g$ になる t の単項式と, t で微分した結果ゼロになる t の単項式の和が求める解となる. 前者の単項式は $-gt$, 後者は任意の定数 C_1 とわかる. よって, $v(t) = -gt + C_1$ と決まる. これを $x(t)$ の微分方程式に戻すと

$$v(t) = \frac{dx(t)}{dt} = -gt + C_1 + 0 \tag{1.3}$$

となる. 今度は t の単項式として微分した結果, それぞれ $-gt, C_1, 0$ となるものを見つければよい. するとただちに, $-gt^2/2, C_1t, C_2$ と見つかる. ここで, C_2 は一般には C_1 とは異なる別の任意定数である. 3 つの和をとって

$$x(t) = -\frac{gt^2}{2} + C_1t + C_2 \tag{1.4}$$

が求める微分方程式の解となる.

　微分方程式は未知関数の微分が満たす関係を定めている. したがって, 解を求めることは, 微分の逆演算の意味での積分を行うことだといえる. 一般に, 微分を n 回行えば, n 個の定数が消失していく. 逆にいえば, n 回積分をすると n 個の任意定数を取り込む必要が生じる. ここでは, 式 (1.4) に含まれる 2 つの未定定数 C_1, C_2 がそれに相当する. これらは, 微分方程式からは定まらないので, 微分方程式の解としては式 (1.4) が最終形である.

　これに対し, 「時刻 t での物体の位置 $x(t)$ を知る」という力学の問題に対する解としては, 式 (1.4) は不十分であり, C_1, C_2 を決める必要がある. 2 つの未知数を決めるためには, 独立な 2 つの条件が必要となる. これは, 一般には問題の物理的状況などから決まるものである. 典型例としては, $t=0$ での位置 $x(t=0)$ と速度

$v(t=0) = dx(t)/dt|_{t=0}$ を既知とすることで C_1, C_2 を決める．$t=0$ での条件であることを強調して，これらを**初期条件**という．初期条件の例として $x(t=0) = x_0$, $v(t=0) = v_0$ が与えられたとしてみよう．これらを式 (1.4) に代入すれば $C_1 = v_0$, $C_2 = x_0$ と求まり，物体の位置 $x(t)$ が任意性なく決まる．

注意 1.1　2 つの異なる時刻での位置，$x(t_1)$, $x(t_2 \neq t_1)$ を既知とすることでも C_1, C_2 を決めることができる．　　　　◁

　次に，重力に加えて抵抗力 R も働いている場合を考えよう．質量 m の質点に対する運動方程式は

$$m\frac{d^2 x(t)}{dt^2} = R - mg \tag{1.5}$$

となる．抵抗力の大きさは，ある状況では速度の大きさに比例することが知られている．この形に書ける抵抗力を**粘性抵抗**という．以下，この抵抗力を考える．

　定義により抵抗力の向きは速度ベクトルとは逆である．つまり $dx/dt > 0$ なら $R < 0$, $dx/dt < 0$ なら $R > 0$ の関係にある．よって，粘性抵抗は比例係数 $\mu > 0$ を用いて

$$R = -\mu \frac{dx(t)}{dt} \tag{1.6}$$

と表現できる．再び，微分方程式の階数を下げる方針をとることにして，$v(t)$ に関する微分方程式に書き直せば

$$\frac{dv(t)}{dt} = -\frac{\mu}{m}v(t) - g \tag{1.7}$$

となる．これを満足する $v(t)$ を見つけることが当面の目標である．その準備として右辺の g がない形，つまり

$$\frac{dv(t)}{dt} = -\frac{\mu}{m}v(t) \tag{1.8}$$

をまず考えてみよう．これは，微分した結果が微分前と比例関係にある，つまり，関数形が変わらないことを意味している．既知の初等関数からこの性質をもつものを探せば，指数関数が該当することに気づく．微分の結果 $-\mu/m$ が出るように調整した $v(t) = e^{-(\mu/m)t}$ に任意定数 C_1 を乗じた

$$v(t) = C_1 e^{-\frac{\mu}{m}t} \tag{1.9}$$

が微分方程式を満たすことがわかる.

注意 1.2　これ以外の解が存在しないことを確認しておこう. $g(t)$ を t の任意の関数とし, 微分方程式の解が $f(t) = g(t)e^{-(\mu/m)t}$ と書けたとする. これは, $f(t)$ に何の制限も課していないことに注意されたい. これより $g(t) = f(t)e^{(\mu/m)t}$. 両辺 t で微分すれば

$$\frac{dg(t)}{dt} = \left[\frac{df(t)}{dt} + \frac{\mu}{m}f(t)\right]e^{\frac{\mu}{m}t} \tag{1.10}$$

である. 今, $f(t)$ は微分方程式の解だと仮定しているので, 右辺角括弧の中はゼロである. よって $dg(t)/dt = 0$. このことから $g(t)$ は定数である. したがって, 微分方程式の解は $f(t) = C_1 e^{-(\mu/m)t}$ の形しかあり得ない.　　　　　　◁

　解くべき微分方程式の右辺に $-g$ を戻そう. 式 (1.7) は $\tilde{v}(t) = v(t) + mg/\mu$ とおけば

$$\frac{d\tilde{v}(t)}{dt} = -\frac{\mu}{m}\tilde{v}(t) \tag{1.11}$$

と書ける. すると $\tilde{v}(t) = C_1 e^{-(\mu/m)t}$ と求まるので

$$v(t) = C_1 e^{-\frac{\mu}{m}t} - \frac{mg}{\mu} \tag{1.12}$$

を得る. 最後に $x(t)$ の微分方程式に戻すと

$$v(t) = \frac{dx(t)}{dt} = C_1 e^{-\frac{\mu}{m}t} - \frac{mg}{\mu} \tag{1.13}$$

となる. t で微分した結果, 右辺の各項を再現するものを見つけて足し合わせれば解となる. これは各項を t で積分した結果に他ならない. よって,

$$x(t) = -C_1\frac{m}{\mu}e^{-\frac{\mu}{m}t} - \frac{mg}{\mu}t + C_2 \tag{1.14}$$

が求める微分方程式の解である. 任意定数 C_1, C_2 は先の例と同様, 初期条件から決まる.

　運動方程式の解析解が得られれば, 物体の運動は完全に記述できたことになる. しかし, 古典力学をはじめ, 実際の理工学の問題を記述する微分方程式では, 解析解が得られることはむしろ稀である. その場合, 数値計算に拠るのが通常である. 数値計算はそれ自体がすでに近似計算であるという内因的問題を含んでいる

ことに加え,「意図した計算が行えているか」に関してもさまざまな角度からの検証を必要としている.最も有効な手段は解析解の結果と比較することであるが,これは後先である.そこで,通常行われるのが,極端な状況での結果を用いることである.つまり,微分方程式に含まれる因子の一部をゼロにするなどして,解析的な解が得られる問題に還元し,その結果との比較を行うのが有効である.したがって,大規模数値計算の実践が標準になった現代では,今まで以上に,解析的手法に通じておくことの重要性が増したともいえる.

極端な状況を考える最も簡単な例として,**定常解**がある.定常とは時間に依存しないという意味である[*1].$v(t)$ に対する微分方程式 (1.7) の定常解を求めよう.$v(t)$ が時間に依存しない場合に得られる解が定常解であるから,式 (1.7) の左辺をゼロとする.すると解くべき方程式は微分方程式から代数方程式に代わり,その解は

$$v = -\frac{mg}{\mu} \tag{1.15}$$

となる.この結果は何を意味するだろうか.微分方程式の解 (1.12) で $t \to \infty$ としてみよう.すると $\lim_{t \to \infty} v(t) = -mg/\mu$ となり,今求めた定常解と一致する.この速度は**終端速度**とよばれ,重力と釣り合える抵抗力を生み出す速度であると解釈できる.その結果,質点に働く合力がゼロになり,質点は等速直線運動を行う.

ここまで抵抗力として粘性抵抗 $R = -\mu v$ を考えた.実際の抵抗力は複雑であり,速度に比例する R は,一般抵抗力 $R(v)$ を v で展開した最低次項と解釈できる.ここから,自然な拡張として $|R_2| = \mu_2 v^2$ の形をした抵抗力が主要項となる場合があることが想像できる.この抵抗を**慣性抵抗**という.そのような運動方程式を $v(t)$ に対して書き下せば

$$\frac{dv}{dt} = \mp \frac{\mu_2}{m} v^2 - g \tag{1.16}$$

となる.ここで複号は,負 (正) が $v > (<)0$ に対応する.この微分方程式に対しては,発見的な方法で解を構成することは (一般的には) 容易とはいえず,何らかの解法手続きに頼らざるを得ない.この微分方程式の解は,2.2 節で与えられる.

[*1] この用語は,時間変化を記述する微分方程式の解を想定した言い習わしになっているが,時間以外の一般の変数に対する関数であっても定常解とよばれることが多い.

1.2 単振動，振り子 (線形，非線形)

　水平方向に伸びた適当な 1 次元座標系があるとする．時刻 t での物体の位置を関数 $x(t)$ で表そう．$\omega_0 > 0,\ A > 0, \delta$ の 3 つを定数として

$$x(t) = A\sin(\omega_0 t + \delta) \tag{1.17}$$

と書けるとき，この物体は単振動しているという．3 つの定数は単振動を特徴づける量で，順番に角振動数，振幅，初期位相とよばれる．これらのうち，角振動数は系を指定すると一意に決まる，系に固有な量であり，この点を強調して**固有角振動数**とよぶこともある．それに対して，A と δ は同一の系であっても外的要因によって異なる値をもたせることができる．一般に $x(t+T) = x(t)$ が成り立つ運動を**周期運動**といい，最小の $T > 0$ を周期という．式 (1.17) では，$x(t+2\pi/\omega_0) = x(t)$ であるから周期 $T = 2\pi/\omega_0$ の周期運動である．これより，固有角振動数を 2π で割った $f = \omega_0/(2\pi)$ は，単位時間に質点が何往復するかを示す量であることがわかる．

　式 (1.17) の $x(t)$ を t で 2 度微分すると，$d^2 x(t)/dt^2 = -\omega_0^2 A\sin(\omega_0 t + \delta)$ であるから，この $x(t)$ は微分方程式

$$\frac{d^2 x(t)}{dt^2} = -\omega_0^2 x(t) \tag{1.18}$$

を満たす．逆にいえば，この微分方程式を満たす $x(t)$ は単振動を表現しているといえる．この形をもつ運動方程式の例は，初等的な古典力学の題材に現れる．

　質量 m の質点がばね定数 k のばねにつながれている系を考えよう．ばねの自然長からの伸びが x であるとき，この質点には **Hooke (フック) の法則**に従って $F = -kx$ の復元力が働く．したがって運動方程式は

$$m\frac{d^2 x(t)}{dt^2} = -kx(t) \tag{1.19}$$

である．$\omega_0^2 = k/m$ と了解すれば，この $x(t)$ が従う微分方程式は式 (1.18) と同形であることがわかる．したがって，この微分方程式の解は $x(t) = A\sin(\omega_0 t + \delta)$ と書け，質点は単振動を行う．2 つの任意定数 A, δ は初期条件から決まる．

　単振動は小さい振れ幅の振り子運動にも見られる．長さ l の伸び縮みしないひもの先につながっている質量 m の質点が鉛直方向から角度 θ ずれた位置にあるとき，この質点の運動方程式は

$$ml\frac{d^2\theta(t)}{dt^2} = -mg\sin\theta(t) \tag{1.20}$$

である. θ が十分小さく, $\sin\theta \approx \theta$ とする近似が許されるとする. $\omega_0^2 = g/l$ とすれば, $\theta(t)$ が従う微分方程式の解は単振動を表現していることがわかる. 振動の周期は $T = 2\pi\sqrt{l/g}$ である. この周期は振り子に固有の量だけで書けていて, 外因的要素である振幅には依存していない. このことを振り子の**等時性**という.

　単振動のほかの表現方法についても言及しよう. 式 (1.17) の右辺は $x(t) = C_1\sin(\omega_0 t) + C_2\cos(\omega_0 t)$ とも書ける. ここで定数 $C_1 = A\cos\delta$, $C_2 = A\sin\delta$ を導入した. これより, 微分方程式 (1.18) の解は, 2 つの任意定数 C_1, C_2 を用いて,

$$x(t) = C_1\sin(\omega_0 t) + C_2\cos(\omega_0 t) \tag{1.21}$$

としても書けることがわかる.

　Taylor (テイラー) 展開を用いて $d^2x/dt^2 = -\omega_0^2 x(t)$ を「解く」こともできる. 簡単のため以下 $\omega_0 = 1$ とする. $x(t)$ が解析的であるとし, $t = 0$ のまわりで $x(t)$ を展開すれば, $x' = dx/dt$ などとして

$$x(t) = x(0) + x'(0)t + \frac{1}{2!}x''(0)t^2 + \frac{1}{3!}x'''(0)t^3 + \frac{1}{4!}x''''(0)t^4 + \cdots \tag{1.22}$$

と書ける. 解くべき微分方程式の両辺を t でさらに 2 度微分すれば, $x''''(t) = -x''(t) = +x(t)$ となる. これを繰り返すと $x(t)$ の t に関する偶数回微分項 $x^{(2n)}(t)$ は $x(t)$ で表されることがわかる. 同様にして, 奇数回微分項 $x^{(2n-1)}(t)$ は $x'(t)$ で表される. 初期条件として $x(0)$ と $x'(0)$ が与えられたとしよう. すると,

$$\begin{aligned}x(t) &= x'(0)t - \frac{1}{3!}x'(0)t^3 + \cdots + x(0) - \frac{1}{2!}x(0)t^2 + \frac{1}{4!}x(0)t^4 + \cdots \\ &= x'(0)\sin t + x(0)\cos t \end{aligned} \tag{1.23}$$

と「解ける」. 一般の ω_0 については, $dx^2(t)/dt^2 = -\omega_0^2 x(t)$ で $\tau = \omega_0 t$ とおけば $d^2x(\tau)/d\tau^2 = -x(\tau)$ に帰着できることを用いればよい.

　ばねからの復元力に加えて抵抗力 R も働いている場合に拡張しよう. ばねとつながった質点を, 粘性のある液体中に浸けた状況などを想定している. 抵抗力として粘性抵抗を考えると $R = -\mu(dx/dt)$ と書ける. 運動方程式 (1.19) の右辺に R を加えたのち両辺を m で割り, $2\gamma = \mu/m$ とおくと,

$$\frac{d^2x(t)}{dt^2} + 2\gamma\frac{dx(t)}{dt} + \omega_0^2 x(t) = 0 \tag{1.24}$$

となる．この微分方程式の解を見つけるにはどうすればよいだろうか．この形の
微分方程式には，物理的背景を承知していなくても適用可能な一般的処方箋が整っ
ている．その手順は3章で説明するが，ここでは，微分方程式の出自を活用した
解の構成方法を考えてみよう．

当然のことながら抵抗がゼロ，つまり $\gamma = 0$ ならば，解は単振動 $x(t) = A\sin(\omega_0 t + \delta)$ となる．ここに小さな γ を入れた場合には，どのような現象が
起こるだろうか．物体が移動する際に進行方向とは常に逆向きに抵抗力が働いて
いるので，抵抗がない場合にばねが蓄えていたエネルギー $kA^2/2$ が消費される．
k は系固有の定数であったからエネルギー消費は振幅 A の減少を意味する．した
がって，γ の効果は単振動の振幅を時間とともに減少させることにあると考えられ
る．さらに，抵抗力は運動方向とは逆方向に働いているので，往復運動をする場
合でも抵抗のない単振動のときの周期 $T = 2\pi/\omega_0$ に比べ，長い時間を要するよう
になると予想される．もっとも，振幅も小さくなっているとしているから，それ
らの2つの効果が相殺して往復運動に要する時間は変わらないという可能性もあ
る．いずれの場合であっても，$\lambda \neq 0$ を未知とし，往復に要する時間を $T = 2\pi/\lambda$
とおいて一般性を損なわない．これらの考察から，求める解の形を

$$x(t) = f(t)\sin(\lambda t + \delta) \tag{1.25}$$

とおいてみよう．もしこの形の解が存在するならば，適当な $f(t)$ と λ を指定する
ことで，微分方程式 (1.24) の等号を成立させることができるはずである．そのよ
うな $f(t), \lambda$ を決めるために，仮置きの解 (1.25) を微分方程式 (1.24) に代入する．
sin と cos に分けて整理すると

$$\left[\frac{d^2 f(t)}{dt^2} + 2\gamma\frac{df(t)}{dt} - (\lambda^2 - \omega_0^2)f(t)\right]\sin(\lambda t + \delta)$$
$$+ 2\lambda\left[\frac{df(t)}{dt} + \gamma f(t)\right]\cos(\lambda t + \delta) = 0 \tag{1.26}$$

となる．これが恒等的に成り立つためには角括弧の中がゼロであればよい．cos の
係数から $f(t)$ に対する微分方程式

$$\frac{df(t)}{dt} = -\gamma f(t) \tag{1.27}$$

が得られる．両辺を t で微分すれば $d^2 f(t)/dt^2 = -\gamma df(t)/dt = \gamma^2 f(t)$ となる．こ
れらを sin の係数に代入すると

$$\left[\gamma^2 - 2\gamma^2 - (\lambda^2 - \omega_0^2)\right]f(t) = 0 \tag{1.28}$$

を得る. $f(t) \neq 0$ であるから, $\lambda = \pm\sqrt{\omega_0^2 - \gamma^2}$ と決まる (「小さい」γ を想定していることに注意). $\gamma = 0$ としたときに λ は ω_0 と一致すべきなので, 複号は正を採用しよう. ここまでで,

$$x(t) = f(t)\sin(\sqrt{\omega_0^2 - \gamma^2}t + \delta) \tag{1.29}$$

と決まった. この解を導く過程で $f(t)$ の形を明示的には用いる必要はなかったが, 今の例ではその具体的な形はすぐにわかる. 微分方程式 (1.27) は 1.1 節で扱った形と同じである. その解は, 任意定数を A として

$$f(t) = Ae^{-\gamma t} \tag{1.30}$$

である.

以上から, 仮置きした形の解は確かに微分方程式 (1.24) の解になりえ, それは

$$x(t) = Ae^{-\gamma t}\sin(\sqrt{\omega_0^2 - \gamma^2}t + \delta) \tag{1.31}$$

であることがわかった. 単振動の振幅が指数関数減衰し, かつ往復運動に要する時間は $T = 2\pi/\sqrt{\omega_0^2 - \gamma^2}$ と, 抵抗がない場合より長くなっている. 式 (1.31) で表される運動を**減衰振動**という.

注意 1.3 振幅が時間とともに小さくなっているので, $x(t + 2\pi/\sqrt{\omega_0^2 - \gamma^2}) \neq x(t)$ である. したがって周期運動とはよばない. ◁

解の具体的な形から, 考察をさらに進めることができる. 減衰振動解は抵抗が小さいと考えて得られたものである. そのときの「小さい」は, $\omega_0 > \gamma$ の意味であったことがわかる. では, 抵抗が大きくなって $\omega_0 \leq \gamma$ の関係になると何が起こるであろうか. 例えば, 自然長から引っ張った状態から初速度ゼロで物体の運動を開始させる状況を想像しよう. 抵抗が小さければ, 自然長の状態に戻ってばねの伸びが解消された後, ばねを縮める方向へ運動を継続できる. しかし, 抵抗が大きければばねを縮める方向へ運動を起こすだけのエネルギーが残っていない状況が起こりえる. 特に, $\gamma = \omega_0$ では $\lambda = 0$ となる. このとき, 式 (1.26) の sin の係数が与える $f(t)$ を決める微分方程式が, $x(t)$ 自身の微分方程式に帰着されている点は興味深い. さらに抵抗が大きくなって $\gamma > \omega_0$ では λ は純虚数となり, $x(t)$ は往復運動とは異なる挙動を示すであろう. これらの状況を記述するためには, 仮置きする解の形をどのようにとればよいだろうか. このあたりから, 物理

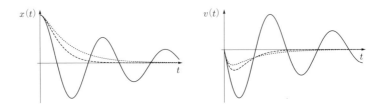

図 1.1　振動減衰(実線)，臨界制動(破線)，過減衰(点線) に対する，(左) $x(t)$ と (右) $v(t) = dx(t)/dt$. いずれも $x(t=0) = x_0$, $v(t=0) = 0$ を初期条件とした.

的直観よりは数学の力に頼る方が実践的になってくる．解を構成する系統的方法とその背景は 3 章で展開されるので，ここでは，最終結果とその振る舞いの特徴を列挙するにとどめる．

注意 1.4　$\lambda = i\sqrt{\gamma^2 - \omega_0^2} \equiv i\lambda_i$ とおいて形式的に得られる $x(t) = f(t)\sin(i\lambda_i t + \delta)$ は演算可能である．　　　　　　　　　　　　　　　　　　　　　　　　　　　　　　◁

まず，振動減衰解で角振動数がゼロになる $\gamma = \omega_0$ では，**臨界制動**とよばれる振る舞いを示す．そのときの解 $x(t)$ は，A, B を任意定数として

$$x(t) = (A + Bt)e^{-\gamma t} \tag{1.32}$$

である．さらに抵抗力が強くなった $\gamma > \omega_0$ では**過減衰**とよばれる振る舞いを示し，その解は

$$x(t) = e^{-\gamma t}\left\{ Ae^{\sqrt{\gamma^2 - \omega_0^2}\,t} + Be^{-\sqrt{\gamma^2 - \omega_0^2}\,t} \right\} \tag{1.33}$$

で与えられる．初期条件として $x(t=0) = x_0$, $v(t=0) = 0$ を課した場合の，減衰振動，臨界制動，過減衰の様子を図示すると図 1.1 のようになる．

ここまで具体的に解 $x(t)$ を示して議論した運動には，3.1 節で説明する線形性という性質が共通して含まれている．線形性とは，簡単にいえば，比例関係が成立するということであり，解 $x(t)$ が知れているとき，それを A 倍した $Ax(t)$ もまた解になっているということである．しかしこれは，もともとの系が線形性をもっていた，というより，線形性があると近似したことによる．例えば，式 (1.20) で θ の 1 次のみを考えた近似がそれにあたる．また，ばねの復元力が $F = -kx$ のように x の 1 次式で書けるとする Hooke の法則も限定的な状況にしか当てはまらない．線形性を課さなかった場合に何が変更を受け，何が変更を受けないかを

承知しておくことは理工学の問題を扱う上で非常に重要である. それを示す例として, 振り子の問題を再び取り上げよう.

　長さ l のひもにつながった質量 m の質点を鉛直方向から角度 α まで持ち上げ, 静かにはなす. ひもはたるまないようにする. 以前とは違い, $\sin\theta \approx \theta$ とする線形近似が使えないとして, その後の振り子の挙動を議論しよう. 運動方程式は, 式 (1.20) であるが, 解の形を予想することは困難である (実際, 解 $x(t)$ は初等関数で書けないことがわかっている). そこで, エネルギー保存則に頼ってみよう.

注意 1.5 エネルギー保存則は, 運動方程式を積分した結果であり, そこに含まれる内容は運動方程式と等価である. しかし, 微分方程式を扱うという観点からすると, 一方の扱いがまったくもって困難であっても他方では手のつけようがある, という状況は往々にしてある.　　　　　　　　　　　　　　　　　　　　　　　　　　　▷

　抵抗がないので全エネルギー E は保存する. E は位置エネルギーと運動エネルギーの和で与えられるから

$$E = mgl(1 - \cos\theta) + \frac{1}{2}mv^2 \tag{1.34}$$

と書ける. $\theta = \alpha$ のとき $v = 0$ なので

$$\epsilon \equiv \frac{E}{mgl} = 1 - \cos\alpha \tag{1.35}$$

の関係にある. v について解き, $v = d(l\theta(t))/dt$ で書き直すと

$$\frac{d\theta(t)}{dt} = \sqrt{\frac{g}{l}}\sqrt{2(\epsilon - 1 + \cos\theta)} \tag{1.36}$$

となる. これより, 角度 $d\theta(t)$ の範囲に質点が滞在する時間 dt は

$$dt = \sqrt{\frac{l}{g}}\frac{d\theta}{\sqrt{2(\cos\theta - \cos\alpha)}} \tag{1.37}$$

であることがわかる. この質点が $\theta = +\alpha$ から $-\alpha$ へ至り, 再び α に戻るまでの時間 T は,

$$T = 2\sqrt{\frac{l}{g}}\int_{-\alpha}^{\alpha}\frac{d\theta}{\sqrt{2(\cos\theta - \cos\alpha)}} \tag{1.38}$$

である. 積分変数を θ から x へ

$$\sin\frac{\theta}{2} = \sin\frac{\alpha}{2}\sin x \tag{1.39}$$

で変換する．両辺微分すれば，

$$d\theta = 2\frac{\sin(\alpha/2)\cos x}{\sqrt{1-\sin^2(\theta/2)}}dx \tag{1.40}$$

また，

$$\cos\theta - \cos\alpha = 2\left(\sin^2\frac{\alpha}{2} - \sin^2\frac{\theta}{2}\right) = 2\sin^2\frac{\alpha}{2}\cos^2 x \tag{1.41}$$

と書ける．この変数変換に伴って積分区間は $x \in [-\pi/2, \pi/2]$ となる．これより

$$T = 2\sqrt{\frac{l}{g}}\int_{-\pi/2}^{\pi/2}\frac{dx}{\sqrt{1-\sin^2\frac{\alpha}{2}\sin^2 x}} \tag{1.42}$$

となる．

注意 1.6 解析的な積分の結果は楕円積分で与えられる．これは，本書の範囲を超える．   ◁

ここで，解析的扱いが可能な範囲で線形近似を超えた効果を議論する．$\sin^2(\alpha/2)$ が小さいとして，右辺の積分を

$$1/\sqrt{1-\sin^2\frac{\alpha}{2}\sin^2 x} \approx 1 + \frac{1}{2}\sin^2\frac{\alpha}{2}\sin^2 x \tag{1.43}$$

と近似する．すると積分が実行できて周期は

$$T = 2\pi\sqrt{\frac{l}{g}}\left(1 + \frac{1}{4}\sin^2\frac{\alpha}{2}\right) \tag{1.44}$$

と求まる．右辺 $\sin^2\alpha/2$ が線形近似の範囲を超えていることを表している．α は振幅を決めているので，第 2 項の存在は，周期 T が振幅に依存することを意味している．つまり等時性は成り立っていない．この解析から，振り子の等時性とは「線形近似」の帰結であることが理解できる．式 (1.42) を数値積分した結果が図 1.2 である．α が小さい範囲で，グラフが水平になっていることが等時性を意味している．$\alpha = \pi$ で T が発散しているのは，質点の運動が振動から回転に移行したことを表現している．

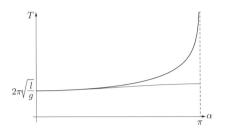

図 1.2　振り子の周期 T の振幅依存性. 太線が式 (1.42) の積分を数値的に評価した T, 細線が近似式 (1.44) が与える T.

1.3　電　気　回　路

抵抗値 R の抵抗, 自己インダクタンス L のコイル, および静電容量 C のコンデンサの 3 種類の電気回路素子と, 直流/交流電源を組み合わせて得られる電気回路中の電流の時間変化を微分方程式で記述しよう. 以下では, Ohm (オーム) の法則が成り立つものとする.

まず, 図 1.3(左) のように, 抵抗とコイルが定電圧源に直列につながっている回路を取り上げる. 時刻 t で回路に流れている電流を $I(t)$ と書く. 電圧降下の関係は

$$L\frac{dI(t)}{dt} + RI(t) = V_0 \tag{1.45}$$

で与えられる. これは式 (1.7) と同形であるから同じようにして $I(t)$ を求めることができる. 両辺 L で割り, $\tilde{I}(t) = I(t) - V_0/R$ とおけば

$$\frac{d\tilde{I}(t)}{dt} = -\frac{R}{L}\tilde{I}(t) \tag{1.46}$$

となる. これより A を任意定数として $\tilde{I}(t) = Ae^{-(R/L)t}$ と求まるから

$$I(t) = Ae^{-(R/L)t} + \frac{V_0}{R} \tag{1.47}$$

となる. $t = 0$ で電源に接続したとすれば, 初期条件は $I(0) = 0$ となる. これを満たす A は $A = -V_0/R$ であるから,

$$I(t) = \frac{V_0}{R}(1 - e^{-(R/L)t}) \tag{1.48}$$

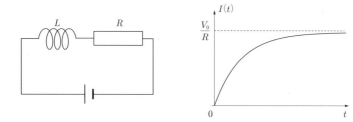

図 **1.3**　(左) RL 直列回路と (右) 電流の時間変化.

が回路中を流れる電流の時間変化を記述し，その変化の様子は図 1.3(右) のように表される．時間が十分経過した後には電流は一定値をとり，その値は $I_\infty = V_0/R$ であることがわかる．これは，式 (1.7) の定常解が与える終端速度に対応する．電流が一定値に到達するまでの時間変化を**過渡現象**とよぶ．また，指数関数の指数に含まれる R/L に対して $(R/L)\tau = 1$ を満たす時間 $\tau = L/R$ をこの回路の**時定数**といい，この回路の時間変化を特徴づける．

　同じ回路を，定電圧源から $V(t) = V_0 \cos\omega t$ で時間変化する交流電源につなぎ変えよう．$I(t)$ が従う微分方程式は

$$L\frac{dI(t)}{dt} + RI(t) = V_0\cos\omega t \tag{1.49}$$

である．十分時間が経過した後に，回路を流れる電流 $I(t)$ を求めたい．直流の問題では，過渡現象を経た後には電流が一定値をとることを見た．これを勘案すると，交流電源につながっている場合，過渡現象後の電流の時間変化は，電源の時間変化に追従していると考えられる．そこで，A, B を未知定数として，十分時間が経過した後の電流の時間変化を

$$I(t) = A\sin\omega t + B\cos\omega t \tag{1.50}$$

とおいてみよう．この仮置きの解を微分方程式に代入して，$\sin\omega t$ と $\cos\omega t$ で整理すると，

$$(L\omega A + RB)\cos\omega t + (RA - L\omega B)\sin\omega t = V_0\cos\omega t \tag{1.51}$$

となる．任意の時刻 t で等号が成立するためには，$\sin\omega t$ の係数，および $\cos\omega t$ の係数が両辺で等しくなっていればよい．ここから，A, B に対する条件として

$$L\omega A + RB = V_0, \tag{1.52a}$$

$$RA - L\omega B = 0 \tag{1.52b}$$

が得られる.

注意 1.7 これが十分であることは明らかだが, 必要であることは次のように示せる. 両辺に $\cos\omega t$ を乗じた後, $0 < t < 2\pi/\omega$ の範囲で積分する. $\int_0^{2\pi/\omega} \cos\omega t \sin\omega t dt = 0$, $\int_0^{2\pi/\omega} \cos^2\omega t dt = \pi/\omega$ から式 (1.52a) が, 両辺に $\sin\omega t$ を掛けて同様の手続きを踏むと式 (1.52b) が得られる. ◁

これを解いて A, B を求めれば

$$\begin{aligned} I(t) &= V_0 \left\{ \frac{L\omega}{R^2 + (L\omega)^2} \sin\omega t + \frac{R}{R^2 + (L\omega)^2} \cos\omega t \right\} \\ &= \frac{V_0}{\sqrt{R^2 + (L\omega)^2}} \cos(\omega t - \delta) \end{aligned} \tag{1.53}$$

となる. ただし, $\tan\delta = L\omega/R$ とした.

交流回路では, 印加電圧が時間変化することに伴って回路を流れる電流も時間変化する. したがって, 回路全体の電流電圧比は時間に対して一定値とはならず, 直流電源を接続したときと同じ意味での抵抗は定義できない. しかし, ある時間の範囲で平均した実効的な抵抗を定義することはできる. これを Z と書こう. Z は $V(t)$ が取り得る最大値を $I(t)$ が取り得る最大値で割ったもので定義される. 2 つの量の最大値が同じ時刻 t で達成されていなくてもよい. 実際, 今の回路で両者が最大値をとる時刻には δ/ω のずれがある. この定義に従うと, 今の回路では,

$$Z = \sqrt{R^2 + (L\omega)^2} \tag{1.54}$$

となる.

これまでの回路にコンデンサを加えよう. 抵抗 R, 自己インダクタンス L のコイル, 静電容量 C のコンデンサが, いずれも並列に交流電源 $V(t) = V_0 \cos\omega t$ とつながっている図 1.4 の回路を考える[*2]. 回路全体を流れる電流 $I(t)$ は各素子を流れる電流の合計であるから, これを

$$I(t) = I_R(t) + I_L(t) + I_C(t) \tag{1.55}$$

[*2] この回路の問題に関しては, 微分方程式を解く必要はない.

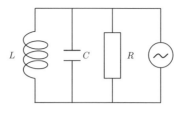

図 **1.4**　　RLC 並列回路.

と書こう. $I_R(t)$ は $I_R(t) = V(t)/R$ と書ける. $I_L(t)$ については, コイルがそこを流れる電流の時間変化に比例した自己起電力を発生させることから,

$$L\frac{dI_L(t)}{dt} = V(t) \tag{1.56}$$

と書ける. $I_C(t)$ は, 時刻 t にコンデンサに蓄えられている電荷 $Q(t)$ と $I_C(t) = dQ(t)/dt$ の関係にある. コンデンサに発生している電圧は $Q(t)/C$ で与えられ, これが電源電圧 $V(t)$ に等しいことから $I_C(t) = CdV(t)/dt$ となる. 以上から, 回路全体を流れる電流 $I(t)$ は

$$\begin{aligned} I(t) &= \frac{V(t)}{R} + \frac{1}{L}\int V(t)dt + C\frac{dV(t)}{dt} \\ &= V_0\left\{ \frac{1}{R}\cos\omega t + \left(\frac{1}{L\omega} - C\omega\right)\sin\omega t \right\} \\ &= V_0\sqrt{\frac{1}{R^2} + \left(\frac{1}{L\omega} - C\omega\right)^2}\cos(\omega t - \delta) \end{aligned} \tag{1.57}$$

とわかる. ここで,

$$\tan\delta = \frac{1/(L\omega) - C\omega}{1/R} \tag{1.58}$$

とした. また, 十分時間が経過した後の振る舞いに興味があることから, $V(t)$ の積分から生じる任意定数は省略した. この結果から

$$Z = \frac{1}{\sqrt{\frac{1}{R^2} + \left(\frac{1}{L\omega} - C\omega\right)^2}} \tag{1.59}$$

とわかる. Z を ω の関数としてみると, $\omega = \sqrt{1/(LC)}$ で Z が最大, つまり回路を流れる電流は最小になっている. このとき, $I_L(t) + I_C(t) = 0$ が満たされている.

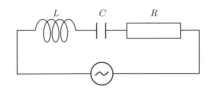

図 1.5　　RLC 直列回路.

この関係は，コイルとコンデンサとのループが作る並列回路内で電流の授受が過不足なく行われていることを意味している．この状態を並列共振状態という．

　次に，並列つなぎを直列つなぎに変更した図 1.5 の RLC 直列回路を考える．この回路中の電流の時間変化を求める問題は，微分方程式の観点からすると，コンデンサに挿入されている誘電体中の電子が示す，単純化された描像の下での振る舞いを求める問題と等価であるとみなせる．そこで，この電子の運動を記述する古典力学の問題から議論を始める．

　電子は負の電荷をもち，原子核と Coulomb (クーロン) 力で相互作用している．その結果，ある決められた軌道を描くように運動する．その正確な記述は量子力学に拠って行われるが，古典的な描像としては，電子はばね定数 k のばねで原子核につながっている質点とみなすことができる．これらが 10^{23} 個程度集まってできている物質中においては，電子は原子核以外のさまざまな要素とも相互作用している．その効果は，電子が自由に運動しようとする際の抵抗として現れる．この描像に基づいて誘電体中の電子の古典的運動を記述しよう．

　厚さ d のコンデンサが交流電源 $V(t) = V_0 \cos \omega t$ につながっているとしよう．すると，誘電体には，$E(t) = V(t)/d$ の振動電場がかかる．電子が受ける力は，ばねからの復元力，抵抗力，外部電場との相互作用の 3 つである．抵抗力は粘性抵抗で近似できるものとし，比例係数を $\mu > 0$ とおく．すると，質量 m，電荷 q の電子に対する厚さ方向の運動方程式は

$$m\frac{d^2x(t)}{dt^2} + \mu\frac{dx(t)}{dt} + kx(t) = \frac{qV_0}{d}\cos \omega t \tag{1.60}$$

と書ける．両辺 m で割って，これを

$$\frac{d^2x(t)}{dt^2} + 2\gamma\frac{dx(t)}{dt} + \omega_0^2 x(t) = f_0 \cos \omega t \tag{1.61}$$

と書こう．$2\gamma = \mu/m,\ \omega_0^2 = k/m,\ f_0 = qV_0/md$ とした．交流電圧を与えてから
十分時間が経過した後の電子の振る舞いを考察しよう．

　電圧を加えていない状態での運動方程式は $f_0 = 0$ としたものである．この微分
方程式は前節の式 (1.24) と同じである．その場合には，抵抗がどんなに小さくて
も有限でありさえすれば，時間経過とともに振幅がゼロに収束することを見た．

　この状況に，$\cos\omega t$ に比例する外力を加えた場合，質点はその外力を駆動力とし
て何らかの運動を維持すると考えられる．その際，その時間変化は外力の時間変
化に追従したものとなるであろう．そこで，電子の振る舞いを記述する解として

$$\tilde{x}(t) = A\sin\omega t + B\cos\omega t \tag{1.62}$$

とおいてみよう．代入して整理すると

$$\left(-\omega^2 A - 2\gamma\omega B + \omega_0^2 A\right)\sin\omega t$$
$$+ \left(-\omega^2 B + 2\gamma\omega A + \omega_0^2 B - f_0\right)\cos\omega t = 0 \tag{1.63}$$

となる．等式が恒等的に成り立つためには，

$$(\omega_0^2 - \omega^2)A - 2\gamma\omega B = 0, \tag{1.64a}$$

$$2\gamma\omega A + (\omega_0^2 - \omega^2)B = f_0 \tag{1.64b}$$

であればよい．これを解いて

$$A = \frac{2\gamma\omega}{(\omega_0^2 - \omega^2)^2 + (2\gamma\omega)^2}f_0, \tag{1.65a}$$

$$B = \frac{\omega_0^2 - \omega^2}{(\omega_0^2 - \omega^2)^2 + (2\gamma\omega)^2}f_0 \tag{1.65b}$$

と決まる．これより電子の変位は

$$\tilde{x}(t) = \frac{f_0}{\sqrt{(\omega_0^2 - \omega^2)^2 + (2\gamma\omega)^2}}$$
$$\times \left\{ \frac{2\gamma\omega}{\sqrt{(\omega_0^2 - \omega^2)^2 + (2\gamma\omega)^2}}\sin\omega t + \frac{\omega_0^2 - \omega^2}{\sqrt{(\omega_0^2 - \omega^2)^2 + (2\gamma\omega)^2}}\cos\omega t \right\}$$
$$= \frac{f_0}{\sqrt{(\omega_0^2 - \omega^2)^2 + (2\gamma\omega)^2}}\cos(\omega t - \delta) \tag{1.66}$$

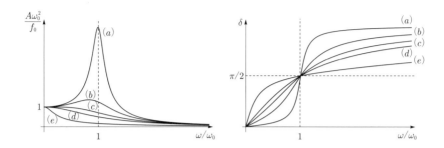

図 1.6　(左) 振幅と (右) 位相差 δ の ω 依存性. (a) $\tilde{\gamma} = 0.1$, (b) $\tilde{\gamma} = 0.4$, (c) $\tilde{\gamma} = 1/\sqrt{2}$, (d) $\tilde{\gamma} = 1$, (e) $\tilde{\gamma} = 3$.

とかける．ここで

$$\tan\delta = \frac{2\gamma\omega}{\omega_0^2 - \omega^2} \tag{1.67}$$

とした．これは，電子が振幅 $A = f_0/\sqrt{(\omega_0^2 - \omega^2)^2 + (2\gamma\omega)^2}$，角振動数 ω で外部電圧 $V(t) = V_0\cos\omega t$ とは δ の位相差を保って，誘電体の厚み方向に振動することを意味している．無次元化した抵抗 $\tilde{\gamma} = \gamma/\omega_0$ をパラメータとし，振幅と位相差を $\tilde{\omega} = \omega/\omega_0$ の関数とみなしてそれぞれプロットすると図 1.6 のようになる．

　まず，振幅の振る舞いを見てみよう．$\tilde{\gamma} \gtrless 1/\sqrt{2}$ で，定性的な振る舞いが変わることに注目する．$\tilde{\gamma} > 1/\sqrt{2}$ で特徴づけられる抵抗が大きい領域では，振幅は極大をもたないのに対し，$\tilde{\gamma} < 1/\sqrt{2}$ の抵抗が小さい領域では極大をもつ．極大を与える $\tilde{\omega}$ の値は，抵抗の減少とともに $\tilde{\omega} = 1$ に近づいていく．$\tilde{\omega} = 1$ は固有角振動数 ω_0 と，外部電圧の角振動数 ω が一致した状況である．このときに，外部からの強制力に対して系が最もよく応答する．これを**共鳴**，あるいは**共振**という．この現象を使えば，外部電圧の角振動数を変化させながら振幅変化を観測することで原理的には ω_0 を決定できる．しかし，$\tilde{\gamma}$ の値に依存して共鳴ピークの位置が変わることが精度を落とす．それに対して，位相差 δ の振る舞いを見てみると，$\tilde{\gamma}$ の値によらず $\tilde{\omega} = 1$ では一定値 $\delta = \pi/2$ をとる．したがって，$\cos\omega t$ で時間変動する外部電圧に対して，$\sin\omega t$ で時間変化する信号を観測できたときが，$\tilde{\omega} = 1$ を意味する．

　コンデンサに内挿された誘電体中の電子の古典的なモデルの振る舞いがわかったので，これを下敷きに図 1.5 の RLC 直列回路中を流れる電流を記述しよう．あ

表 **1.1**   電気回路素子と力学素子の対応関係.

$$
\begin{aligned}
L &\leftrightarrow m \\
R &\leftrightarrow \mu \\
1/C &\leftrightarrow k
\end{aligned}
$$

る時刻 t で回路に流れる電流を $I(t)$, コンデンサに溜まっている電荷を $Q(t)$ とする. 各要素での電圧降下の合計は,

$$
L\frac{dI(t)}{dt} + RI(t) + \frac{Q(t)}{C} = V(t) \tag{1.68}
$$

を満たす. 一方, 電荷と電流の関係は $dQ(t)/dt = I(t)$ と書ける. 両式から $Q(t)$ を消去すれば, $I(t)$ に対する微分方程式

$$
L\frac{d^2 I(t)}{dt^2} + R\frac{dI(t)}{dt} + \frac{1}{C}I(t) = \frac{dV(t)}{dt} \tag{1.69}
$$

を得る. 電源電圧の時間変化を $V(t) = V_0 \sin\omega t$ とすれば, これは式 (1.60) と同じ形をしている. これより, 力学モデルの素子と電気回路素子との間に表 1.1 の対応関係を読み取ることができる.

以下, $2\gamma = R/L$, $\omega_0^2 = 1/(LC)$, $f_0 = V_0\omega/L$ とした

$$
\frac{d^2 I(t)}{dt^2} + 2\gamma\frac{dI(t)}{dt} + \omega_0^2 I(t) = f_0 \cos\omega t \tag{1.70}
$$

を考える. 微分方程式が同じであれば, 解も同じである. よって電圧を加えてから十分時間が経過した後にこの $I(t)$ が示す振る舞いは, 式 (1.66) の $\tilde{x}(t)$ と同じ時間変化を与える. このことから, ただちに

$$
I(t) = \frac{V_0}{\sqrt{\left(\omega L - \frac{1}{\omega C}\right)^2 + R^2}}\cos(\omega t - \delta), \tag{1.71}
$$

$$
\tan\delta = \frac{RC\omega}{1 - \omega^2 LC} \tag{1.72}
$$

がわかる. このとき

$$
Z = \sqrt{\left(\omega L - \frac{1}{\omega C}\right)^2 + R^2} \tag{1.73}
$$

だから，回路に最大の電流が流れるのは，$\omega = 1/\sqrt{LC}$ のときとわかる．これは，コンデンサ中の電子の振る舞いで見た共鳴条件 $\omega = \omega_0$ と等価である．

　以上，本章では，古典力学と電気回路の問題を題材に，現象の背景から解の形を推測することを主具として，微分方程式の解を発見的に構成した．しかし実際には，解くべき問題に十分な理解がないがゆえに，それを記述する微分方程式の解を明示的に求めることでその理解に至ろうとするのがほとんどの場合である．その意味で，発見的な解の構成方法は，起こり得ることが想像の範囲内にあるからこそ通用したといえる．今後，未踏の領域で新たな知見を得ようとする際には，こうした方法は手がかりの一助となることはあろうが，自家薬籠にあるものがこれのみでは心許ない．したがって，微分方程式の出自を既知とせずとも，所定の手順に従って解を構成できることも併せて極めて重要となる．こうした事情を動機づけとして，次章以降で常微分方程式の解の構成方法を系統的に展開する．

2 1階常微分方程式の例と解法

1階常微分方程式のうち，求積法とよばれる方法で解析解が得られる微分方程式を扱う．これらの微分方程式は，理工学に現れる問題を背景にもつものから，純粋に数学的一般化の流れに沿って議論の俎上にあがってきたものまでさまざまである．求積法としてまとめられる手法の各々は常微分方程式の形によって分類される．方法の適切な運用によって解が求められるようになることが主目標であるが，式変形の動機や解の意味を理解することもおろそかにしてはならない．

2.1 は じ め に

独立変数 x のみの未知関数 $y(x)$ の微分 $y'(x) \equiv dy(x)/dx$ が，x の関数 $f(x)$ との間に $y'(x) = f(x)$ という関係をもっていたとする．このように，未知関数が満たすべき条件式に未知関数の微分を含んでいるものを常微分方程式という．複数の独立変数からなる未知関数に対しても同様の問題設定は可能である．この場合には，未知関数とその微分との間に成立する関係式は偏微分方程式とよばれる．本書で扱う微分方程式は常微分方程式であり，偏微分方程式は本教程『偏微分方程式』で詳述されている．以下で，単に微分方程式と表記されている場合は，常微分方程式を意味していると了解されたい．

微分方程式 $y'(x) = f(x)$ を満たす $y(x)$ は $f(x)$ の原始関数であること，つまり $y(x) = \int f(x)dx$ であることは，この両辺を微分することでただちに確認できる．この手続きに代表されるように，微分方程式に対して有限回の式変形と変数変換，および積分を実行することによって解 $y(x)$ を求める方法を**求積法**という．積分の結果を初等関数で表現できるかどうか，という問題は残っているがこれについては不問とし，積分が実行可能だったとすれば未知関数が決定できることを本書では「解けた」とする．

求積法は 17 世紀の数学者によって開発されてきた手法である．それ以前は，未知関数の整級数展開で微分方程式の解を表現する方法が用いられていた．求積法の動機は，初等関数で解を表したい，あるいは方程式から直接得られる関数の原

始関数を用いて解を表現したい，という欲求にあるとされている．こうした表現方法が可能ないくつかの微分方程式は Bernoulli (ベルヌーイ) 兄弟がすでに知っていたが，その後，さまざまな数学者の努力により，求積法によって解が得られる微分方程式が多様になった．

その歴史の長さに裏打ちされて，求積法で解を求める際に用いられる式変形の発想には多くの蓄積がある．それらのうち，代表的なものを提示することが本章の目的である．各処方箋の効能は微分方程式の形と組をなして発現するので，以下の節立ては微分方程式の形分類に従っている．しかし，「○○形の微分方程式は△△法で解く」という表層的な知識を網羅することが重要なのではない．解ける形に持ち込むまでに，どのようなアイデアをもち，最終的に首尾よくいった理由はどこにあったのかなど，解けたことの背後にある本質にも注視することが，将来の知恵へつなげるためにも肝要である．

微分方程式の形を特徴づけるもっとも基本的な指標は，

- 微分方程式に含まれる微分の最高階数はいくつか

である．微分方程式に含まれる微分項の最高階数が自然数 n のとき，その微分方程式を n 階微分方程式という．例えば，d^2y/dx^2 が最高微分階数項なら，その微分方程式は 2 階の微分方程式である．$(dy/dx)^2$ が最高微分階数項であれば，これは 2 階ではなく 1 階の微分方程式である．

微分方程式の形を特徴づける他の指標には

- 線形方程式か非線形方程式か
- 定数係数か変数係数か
- 斉次方程式か非斉次方程式か
- 正規形か非正規形か

等がある．各々の説明は以下の各節で個別に行うが，これらの指標には互いに背反でないものが含まれていることは記憶されたい．

方程式に対して等号を成立させるものを解という．代数方程式に対しては，実数解，虚数解の区別があったことと類似して，微分方程式の解にも次のような分類がある：

- 一般解

- 特殊解 (略して，特解)
- 特異解
- 基本解

　n 階微分方程式に対して，n 個の任意定数 (積分定数ともいう) を含む解を**一般解**という．これらのうち，任意定数として特定の値を選んだ解を**特殊解**とよぶ．この他に，一般解に含まれる任意定数をどのようにとっても表現できないが，解にはなっているものが存在することもある．これを**特異解**とよぶ．一般解と特異解を求めれば微分方程式の解が完全に決定できたことになる．**基本解**は上記リストの他の解とは意味合いが異なり，3.1 節で説明する．ここに集中して登場した各用語の内容は，現時点では，常微分方程式を学ぶ際に留意すべき着目点という認識で十分である．

　本章では 1 階常微分方程式を扱う．これは，未知関数 $y(x)$ に対し，$y' \equiv dy/dx$ として

$$F(x, y, y') = 0 \tag{2.1}$$

と一般に書ける．例えば $F(z_1, z_2, z_3) = z_1^2 + z_2^2 - z_3$ であれば $x^2 + y^2(x) - y'(x) = 0$ を意味する．この例のように y' について 1 次であれば y' について一意に解くことができる．その場合には

$$\frac{dy}{dx} = f(x, y) \tag{2.2}$$

と表記する．この形に書ける微分方程式を**正規形**という．与えられた微分方程式 $F(x, y, y') = 0$ を $y' = f(x, y)$ に変形する際，両者の同値性に特に注意を要する場合がある．同値でない式変形をした場合には，一部の解の脱落，余計な解の混入などがあり得る．

注意 2.1　$f(x, y)$ は連続な 1 価関数であり，C^1 級，つまりその偏導関数 $\partial f/\partial x$, $\partial f/\partial y$ も連続であると仮定する．　　　　　　　　　　　　　　◁

注意 2.2　本章では 1 階の微分方程式を扱うことから，$y(x)$ は C^1 級関数であることを要請する．　　　　　　　　　　　　　　◁

2.2 変数分離形微分方程式

$y' = f(x, y)$ の右辺が，x のみの関数 $X(x)$ と y のみの関数 $Y(y)$ の積で書けているとする．この微分方程式は**変数分離形**とよばれ，その解は求積法で求められる．解くべき方程式は

$$\frac{dy}{dx} = X(x)Y(y) \tag{2.3}$$

の形をしている．$Y(y)$ がゼロでないとき

$$\frac{1}{Y(y)}dy = X(x)dx \tag{2.4}$$

と書ける．この両辺を積分して

$$\int \frac{1}{Y(y)}dy = \int X(x)dx \tag{2.5}$$

とする．以下で議論する多くの微分方程式は変数分離形に帰着させて解く．この意味で，この解法は基本的である．

例題 2.1

$$\frac{dy}{dx} = x^2 + \cos x \tag{2.6}$$

の一般解を求めよ．   ◁

(解) 右辺を $X(x) = x^2 + \cos x$ と $Y(y) = 1$ の積と考えれば，

$$\int dy = \int (x^2 + \cos x)dx \tag{2.7}$$

となる．左辺，右辺の任意定数をそれぞれ A, B として

$$y + A = \frac{1}{3}x^3 + \sin x + B \tag{2.8}$$

と書ける．新たな任意定数を $C = B - A$ として，最終的に

$$y = \frac{1}{3}x^3 + \sin x + C \tag{2.9}$$

が一般解である．

任意定数の含め方は 1 通りとは限らない．より広い範囲の解が表現できる形を採用する．

例 2.1 変数分離形微分方程式

$$\frac{dy}{dx} = 2y \tag{2.10}$$

の一般解を求めよう．$y \neq 0$ のとき

$$\frac{dy}{y} = 2dx \tag{2.11}$$

だから任意定数を c として，$\log|y| = 2x + c$．これより $y = \pm e^c e^{2x}$ となる．この表現方法では任意の有限の c に対して $y \neq 0$ である．一方，$y = 0$ も微分方程式を満たすことがわかる．これを一般解の表式に含めるには，定数 C として一般解を

$$y = Ce^{2x} \tag{2.12}$$

と書けばよい．注意 2.10 (p.55) も参照のこと．　◁

注意 2.3

$$x\frac{dy}{dx} = y \tag{2.13}$$

の解を求めよう．$x \neq 0$ のときは $y \neq 0$ として

$$\int \frac{dy}{y} = \int \frac{dx}{x} \tag{2.14}$$

とする．積分を実行すれば，任意定数を c として $\log|y| = \log|x| + c = \log|x| + \log e^c$ から $y = \pm e^c x$ となる．また，$y = 0$ も解だから，一般解はまとめて $y = Cx$ と書ける．$x = 0$ では $y = 0$ が解となる．これより例えば $C_1 \neq C_2$ として

$$y(x) = \begin{cases} C_1 x & (x > 0) \\ 0 & (x = 0) \\ C_2 x & (x < 0) \end{cases} \tag{2.15}$$

を考えることもできるが，この $y(x)$ は $x = 0$ で連続ではあるが微分可能ではない．つまり式 (2.15) で与えられる $y(x)$ は C^1 級ではないので，微分方程式の解としては除外される．　◁

例題 2.2 1章で導入した，慣性抵抗が働いている場合の落下運動を記述する運動方程式

$$\frac{dv}{dt} = \mp\frac{\mu_2}{m}v^2 - g \tag{2.16}$$

の解を求めよ.   ◁

(**解**) 質点が下向きに運動している場合, つまり $v < 0$ を想定し, 複号正の場合を
考えよう. t についての定数関数 $T(t) = \mu_2/m$ と v についての関数

$$V_d(v) = v^2 - \frac{mg}{\mu_2} \tag{2.17}$$

を導入し, 式 (2.16) の右辺を $V_d(v) \times T(t)$ と考えると, これは変数分離形である.
よって

$$\int \frac{dv}{v^2 - \frac{mg}{\mu_2}} = \int \frac{\mu_2}{m} dt \tag{2.18}$$

とできる. $A \equiv \sqrt{mg/\mu_2}$ とおけば, 左辺の積分は

$$\int \frac{dv}{v^2 - \frac{mg}{\mu_2}} = \frac{1}{2A} \log \left| \frac{v - A}{v + A} \right| \tag{2.19}$$

となるから, 任意定数を T_0, あるいはこれに対応する t_0 を用いて

$$\frac{1}{2A} \log \left| \frac{v - A}{v + A} \right| = \frac{\mu_2}{m} t + T_0 \equiv \frac{\mu_2}{m} (t - t_0) \tag{2.20}$$

と書ける. $-A \leq v < 0$ のときは $|(v - A)/(v + A)| = -(v - A)/(v + A)$ に注意し
て v について解けば

$$v = \frac{dx}{dt} = -A \frac{e^\tau - e^{-\tau}}{e^\tau + e^{-\tau}} \tag{2.21}$$

となる. ただし

$$\tau \equiv \sqrt{\frac{g\mu_2}{m}} (t - t_0) \tag{2.22}$$

とおいた. x に対するこの微分方程式も変数分離形である. これを解いて

$$\begin{aligned}
x &= -A \int \frac{dt}{d\tau} d\tau \frac{e^\tau - e^{-\tau}}{e^\tau + e^{-\tau}} \\
&= -\frac{m}{\mu_2} \log \left(e^\tau + e^{-\tau} \right) + C
\end{aligned} \tag{2.23}$$

を得る.

 $v < -A$ のときもまったく同様にして, x に対する変数分離形微分方程式

$$v = \frac{dx}{dt} = -A \frac{e^\tau + e^{-\tau}}{e^\tau - e^{-\tau}} \tag{2.24}$$

を経由し,

$$x = -A \int \frac{dt}{d\tau} d\tau \frac{e^\tau + e^{-\tau}}{e^\tau - e^{-\tau}}$$
$$= -\frac{m}{\mu_2} \log \left(e^\tau - e^{-\tau} \right) + C \tag{2.25}$$

を得る.

一方,上向きの運動が起こっている場合も,解くべき微分方程式は変数分離形であるが,今度は $V_d(v) = v^2 + mg/\mu_2$ とする.同様の手続きから

$$\int \frac{dv}{v^2 + \frac{mg}{\mu_2}} = -\int \frac{\mu_2}{m} dt \tag{2.26}$$

となる.両辺の積分を実行した結果

$$\frac{1}{A} \arctan \frac{v}{A} = -\frac{\mu_2}{m}(t - t_0) \tag{2.27}$$

から x に対する微分方程式

$$v = \frac{dx}{dt} = -A \tan \tau \tag{2.28}$$

に至る.再び両辺積分して

$$x = -A \int \frac{dt}{d\tau} d\tau \tan \tau = -\frac{m}{\mu_2} \log \cos \tau + C$$
$$= -\frac{m}{\mu_2} \log \left(e^{i\tau} + e^{-i\tau} \right) + C' \tag{2.29}$$

最終行では,3章で導入する複素関数の結果

$$\cos \tau = \frac{e^{i\tau} + e^{-i\tau}}{2} \tag{2.30}$$

を用い, $C' = C + (m/\mu_2) \log 2$ とした.

2.3 同次形微分方程式

$y' = f(x, y)$ の右辺が $f(y/x)$ で与えられる微分方程式を**同次形微分方程式**という.この微分方程式は次の手続きにより,前節で扱った変数分離形に帰着できる.$y(x)/x = u(x)$ とおいて $y(x) = u(x)x$ の両辺を x で微分した,

$$\frac{dy}{dx} = \frac{du}{dx}x + u \tag{2.31}$$

から，$u(x)$ に対する微分方程式

$$\frac{du}{dx} = \frac{f(u) - u}{x} \tag{2.32}$$

を得る．右辺は u のみの関数と x のみの関数の積で表現されているので，これは変数分離形微分方程式である．$f(u) - u \neq 0$ のとき

$$\int \frac{du}{f(u) - u} = \int \frac{dx}{x} \tag{2.33}$$

から $u(x)$ の一般解が求まり，解 $y(x) = u(x)x$ が決まる．一方，$f(u) = u$ を満たす $u(x)$ から決まる $y(x) = u(x)x$ も解である．

例題 **2.3**

$$(x^2 + y^2)\frac{dy}{dx} = xy \tag{2.34}$$

の一般解を求めよ．　　　　　　　　　　　　　　　　　　　　　　　　　◁

(**解**) 同次形であることはすぐにわかる．$y = ux$ とおいて整理すれば

$$\frac{du}{dx}x = -\frac{u^3}{1 + u^2} \tag{2.35}$$

となる．$x \neq 0$ として変数分離形の解法に従い

$$\int \frac{1 + u^2}{u^3}du = -\int \frac{1}{x}dx \tag{2.36}$$

とする．両辺の積分を実行すれば，任意定数を c として

$$\log|ux| = \frac{1}{2u^2} + c \tag{2.37}$$

となる．これより一般解が

$$y = Ce^{x^2/(2y^2)} \tag{2.38}$$

と陰関数の形で求まる．$x = 0$ のときは，$dy/dx = 0$ で y は定数である．この解は一般解 (2.38) に含まれている．また，$f(u) = u$ からは $u = 0$ で，$y = 0$ が得られる．これも式 (2.38) に含まれている．

　パラメータを C として，平面内のある曲線族 $f(x, y, C) = 0$ が与えられたとき，これと角度 α で交わる曲線群 $g = 0$ を求める，という問題が理工学においては頻

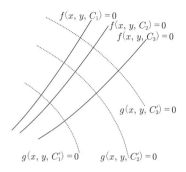

$f(x, y, C_1) = 0$

$f(x, y, C_2) = 0$

$f(x, y, C_3) = 0$

$g(x, y, C_3') = 0$

$g(x, y, C_1') = 0$　　$g(x, y, C_2') = 0$

図 **2.1**　与えられた曲線族 $f(x, y, C) = 0$ (実線) と，それに直交する曲線族 $g(x, y, C') = 0$ (点線).

出する．例えば古典電磁気学で，静電ポテンシャル $\phi(x, y)$ が与えられたときの静電場分布を決める問題は，$\phi = C$ に対して $\alpha = \pi/2$ で交わる曲線群 $g = 0$ を求める問題と等価である．本教程『ベクトル解析』で学んだように，$\phi(x, y)$ が解析的に与えられている場合には，このスカラー関数の勾配ベクトルを求めることでただちに解が得られる．この問題を微分方程式の観点から捉え直そう．

　$\alpha = \pi/2$ とする．$f(x, y, C) = 0$ 上の点 (x, y) での $f = 0$ の接線ベクトルは (dx, dy) に平行である．同様に $g(x, y) = 0$ 上の点 (ξ, η) での $g = 0$ の接線ベクトルは $(d\xi, d\eta)$ に平行である．$f = 0$ と $g = 0$ が直交している，つまり交点で互いの接線ベクトルが直交しているから $dx d\xi + dy d\eta = 0$ が成り立つ．これを

$$\frac{dy}{dx} = -\frac{1}{\frac{d\eta}{d\xi}} \tag{2.39}$$

と書こう．

　$\eta = \eta(\xi)$ と等価な陰関数表示である $g = 0$ を求めるために，$\eta(\xi)$ が満たす微分方程式を導きたい．そのために，$f = 0$ を解として与える微分方程式を利用する．f が満たす微分方程式は，f 自身の式 $f(x, y, C) = 0$ と，この両辺を x で微分した

$$\frac{\partial f}{\partial x} + \frac{\partial f}{\partial y}\frac{dy}{dx} = 0 \tag{2.40}$$

の両式から C を消去することで得られる．これを $F(x, y, y') = 0$ と書こう．$f = 0$ と $g = 0$ の交点では $(x, y) = (\xi, \eta)$ であり，その点での2つの曲線の接線は $y' = -1/\eta'$ の関係にあったから，

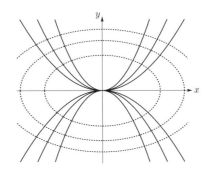

図 **2.2** $y = Cx^2$ (実線) に直交する曲線族 $g = 0$ (点線).

$$F(\xi, \eta, -1/\eta') = 0 \tag{2.41}$$

が成り立つ．これが $f = 0$ に直交する曲線族 $g : \eta = \eta(\xi)$ が従う微分方程式である．これを解けば g が求まる．

例題 2.4 $y = Cx^n$ に直交する曲線族を求めよ．　　　　　　　　　　　$\triangleleft$

(解) $y = Cx^n$ を解とする微分方程式は，与式とこれを微分した $y' = Cnx^{n-1}$ とから C を消去した

$$y' = n\frac{y}{x} \tag{2.42}$$

で与えられる．よって，求める曲線上の点 (ξ, η) は $(x, y, y') \to (\xi, \eta, -1/\eta')$ と置き換えた

$$-\frac{1}{\eta'} = n\frac{\eta}{\xi} \tag{2.43}$$

の関係を満たす．これより，一般解

$$\xi^2 + n\eta^2 = C' \tag{2.44}$$

を得る．これが求める曲線族 $g(\xi, \eta, C') = 0$ である．$n = 2$ の例を図 2.2 に示した．

　　一般の角度 α で交わる曲線族は，$\alpha = \pi/2$ の議論で「交点における互いの接線ベクトルが直交する」とした部分を「角度 α で交わる」と変更すればよい．$y = Cx^n$

に対して角度 α で交わる曲線は $\tan \alpha = 1/t$ とした同次形微分方程式

$$\eta' = \frac{tn\frac{\eta}{\xi} + 1}{t - n\frac{\eta}{\xi}} \tag{2.45}$$

を解くことで得られる.

2.4　1 階線形微分方程式

　変数分離形のうち, 特に $Y(y) = -y$, つまり $f(x, y) = -X(x)y$ の場合を考えよう (負号は本質的ではない). このときの微分方程式

$$\frac{dy}{dx} + X(x)y = 0 \tag{2.46}$$

は変数分離形であることに加え, **線形性**という性質ももつ. 線形性の一般的説明は 3.1 節で与えられるが, ここでは当座必要となる事項を簡潔に述べる. 1 階線形微分方程式に対して恒等的には等しくない 2 つの解 $y_1(x)$ と $y_2(x)$ が見つかったとする. このとき, それらを定数倍して加えた $y_3(x) = c_1 y_1(x) + c_2 y_2(x)$ も解になっている. 実際代入してみれば

$$\frac{dy_3}{dx} = c_1\frac{dy_1}{dx} + c_2\frac{dy_2}{dx} = -c_1 X(x)y_1 - c_2 X(x)y_2$$
$$= -X(x)\left[c_1 y_1 + c_2 y_2\right] = -X(x)y_3 \tag{2.47}$$

が成り立っていることがわかる. この性質を線形性といい, 線形性をもつ微分方程式を総称して**線形微分方程式**とよぶ. 今の問題の範疇では, y, y' に関して 1 次までの項を含む微分方程式が線形微分方程式である. これに対して, 線形性をもたないものすべてをまとめて非線形微分方程式とよぶ.

　1 階線形微分方程式の具体的な解の構成方法は変数分離形の手続きに準ずればよい.

$$\frac{dy}{dx} = -X(x)y \tag{2.48}$$

から $dy/y = -X(x)dx$ の両辺を積分すると, 任意定数を C として

$$\log|y| = -\int X(x)dx + C \tag{2.49}$$

となる. これを y について解けば, 任意定数を $A = \pm e^C$ と書き直して

$$y(x) = A \exp\left[-\int X(x)dx\right] \tag{2.50}$$

を得る.

例題 2.5

$$\frac{dy}{dx} + 2xy = 0 \tag{2.51}$$

の一般解を求めよ. ◁

(解) y, y' に関して 1 次式なので線形微分方程式であることがわかる. 変数分離形であることを意識して

$$\frac{dy}{y} = -2xdx \tag{2.52}$$

と書こう. 任意定数を C として両辺を積分すれば $\log|y| = -x^2 + C$. これより一般解は

$$y = \pm e^C e^{-x^2} = Ae^{-x^2} \tag{2.53}$$

と書ける. あるいは, 「解の公式」(2.50) に $X(x) = 2x$ を直接代入すれば, ただちに

$$y = A \exp\left[-\int 2xdx\right] = Ae^{-x^2} \tag{2.54}$$

を得る.

1 階線形微分方程式の拡張として, 恒等的にはゼロではない x だけの関数 $\tilde{X}(x)$ を右辺に加えた

$$\frac{dy}{dx} + X(x)y = \tilde{X}(x) \tag{2.55}$$

を考えよう. 右辺に加えられた $\tilde{X}(x)$ は**非斉次項**[*1]とよばれ, この付加項をもつ線形微分方程式を**非斉次線形微分方程式**という. この微分方程式はもはや変数分離形ではない. それに対して微分方程式 (2.46) を**斉次線形微分方程式**という.

[*1] せいじ【斉次】: y とその導関数に関して「次数 (ここでは 1) が斉しい」の意. 線形と同義ではない. $(y')^2 + y^2 = 0$ も斉次.「次数が同じ」と読み替えて『同次』が使われる場合もあるが, 本書で『同次』は 2.3 節の意味でのみ用いる. $\tilde{X}(x)$ は y のゼロ次なので y と y' に対して非斉次.

非斉次 1 階線形微分方程式の一般解を求めたい．解を，2 つの関数の積 $y(x) = y_1(x)y_2(x)$ として考えてみよう．この形を代入して整理すると

$$\left\{\frac{dy_1}{dx} + X(x)y_1\right\} y_2 + y_1 \frac{dy_2}{dx} = \tilde{X}(x) \tag{2.56}$$

となる．ここで，y_2 の「係数」がゼロ，つまり

$$\frac{dy_1}{dx} + X(x)y_1 = 0 \tag{2.57}$$

を満たす y_1 が見つかれば，後はこの y_1 を使って

$$y_1 \frac{dy_2}{dx} = \tilde{X}(x) \tag{2.58}$$

を満たす y_2 を求めればよいことになる．y_1 が満たすべき微分方程式には，$\tilde{X}(x)$ が含まれていないことに注目しよう．つまり斉次 1 階線形微分方程式である．y_1 を既知とすれば y_2 が従う微分方程式も変数分離形となり

$$y_2 = \int \frac{\tilde{X}(x)}{y_1(x)} dx \tag{2.59}$$

と求まる．

以上の手続きは，非斉次 1 階線形微分方程式の解の一般的な構成方法を示している．まず非斉次項をゼロとした微分方程式の一般解 (2.50) を求める．続いて，この一般解に含まれる定数であった A を x の関数 $A(x)$ に昇格させた

$$y(x) = A(x) \exp\left[-\int X(x)dx\right] \tag{2.60}$$

を考える．これを式 (2.55) に代入すれば，$A(x)$ が従う微分方程式

$$\frac{dA(x)}{dx} = \frac{\tilde{X}(x)}{\exp\left[-\int X(x)dx\right]} \tag{2.61}$$

が得られる．これより，任意定数を C として

$$A(x) = \int \left\{\tilde{X}(x) \exp\left[\int X(x)dx\right]\right\} dx + C \tag{2.62}$$

と求まる．よって最終的に非斉次 1 階線形微分方程式の一般解は

$$y(x) = A(x)y_1(x)$$
$$= C \exp\left[-\int X(x)dx\right]$$
$$+ \exp\left[-\int X(x)dx\right] \int \left\{\tilde{X}(x) \exp\left[\int X(x)dx\right]\right\} dx \tag{2.63}$$

と決まる．もともと定数だった A を変数 $A(x)$ と考え直して解を構成することから，この手続きは**定数変化法**とよばれる．

ここで右辺の構造を見てみよう．第 1 項は斉次 1 階線形微分方程式 (2.46) の一般解である．これに対して，第 2 項は非斉次 1 階線形微分方程式 (2.55) の**特殊解 (特解)** とよばれる解である．ここで特殊解とは，任意定数を含まない (あるいは，任意定数を特定の値に設定した) 解を指す．非斉次線形微分方程式の一般解は，階数 n に依らず次の構造をもつ：

$$\boxed{\text{非斉次線形微分方程式の一般解}}$$
$$= \boxed{\text{斉次線形微分方程式の一般解}} + \boxed{\text{非斉次線形微分方程式の特殊解}} \quad (2.64)$$

これより，斉次線形微分方程式の一般解を求めた後に，視察で見出した非斉次線形微分方程式の特殊解を加える実践的な解の構成法が正当化される．

注意 2.4 非斉次線形微分方程式の解が上の構造をもつことは次のように考えることもできる．非斉次線形微分方程式の解を 2 つの関数の和として $y(x) = y_\mathrm{g}(x) + y_\mathrm{p}(x)$ とおく．これを式 (2.55) に代入すれば

$$\frac{dy_\mathrm{g}}{dx} + X(x)y_\mathrm{g} + \frac{dy_\mathrm{p}}{dx} + X(x)y_\mathrm{p} = \tilde{X}(x) \quad (2.65)$$

等号を成立させるためには，次が十分である：

$$\frac{dy_\mathrm{g}}{dx} + X(x)y_\mathrm{g} = 0, \quad (2.66\mathrm{a})$$

$$\frac{dy_\mathrm{p}}{dx} + X(x)y_\mathrm{p} = \tilde{X}(x) \quad (2.66\mathrm{b})$$

解の一般性，つまり任意定数を含む解を第 1 式の解に任せ，第 2 式は任意定数を含まない解を考えるとすれば，結果として $y_\mathrm{g}(x)$ が斉次 1 階線形微分方程式の一般解を与え，$y_\mathrm{p}(x)$ が非斉次 1 階線形微分方程式の特殊解となるので，それらの和は非斉次 1 階線形微分方程式の一般解となる． ◁

注意 2.5 $X(x)$, $\tilde{X}(x)$ がいずれも定数の場合は，次のように斉次線形微分方程式に帰着できる．p_0, q_0 を定数として，非斉次線形微分方程式

$$\frac{dy}{dx} + p_0 y = q_0 \quad (2.67)$$

を考える．これを

$$\frac{d}{dx}\left[y - \frac{p_0}{q_0}\right] + p_0\left[y - \frac{q_0}{p_0}\right] = 0 \tag{2.68}$$

と書く．$y - p_0/q_0$ を新たな未知関数 $\tilde{y}(x)$ とおけば，これは，$\tilde{y}(x)$ に対する斉次線形微分方程式になっている． ◁

例題 2.6

$$\frac{dy}{dx} + 2xy = xe^{-x^2} \tag{2.69}$$

の一般解を求めよ． ◁

(解) これは非斉次線形微分方程式だから，まず斉次線形微分方程式 $y' + 2xy = 0$ の一般解を求めることから始める．この一般解は，例題 2.5 で求めたように $y = Ae^{-x^2}$ である．ここに，定数変化法を適用する．A を $A(x)$ とした $y = A(x)e^{-x^2}$ を与式に代入すれば

$$(A' - 2Ax)e^{-x^2} + 2Axe^{-x^2} = xe^{-x^2} \tag{2.70}$$

となるから，$A(x)$ に対する微分方程式 $A' = x$ を得る．A について解けば $A(x) = x^2/2 + C$ と書けるから，一般解は

$$y = \left(\frac{x^2}{2} + C\right)e^{-x^2} \tag{2.71}$$

となる．

2.5　完全微分方程式

$y' = f(x, y)$ の右辺が $f(x, y) = -P(x, y)/Q(x, y)$ で与えられる微分方程式

$$P(x, y) + Q(x, y)\frac{dy}{dx} = 0 \tag{2.72}$$

を考える．これを，

$$P(x, y)dx + Q(x, y)dy = 0 \tag{2.73}$$

と書こう. 2 変数関数 $\Phi(x, y)$ の全微分

$$d\Phi(x, y) = \frac{\partial \Phi}{\partial x}dx + \frac{\partial \Phi}{\partial y}dy \tag{2.74}$$

との比較から, 式 (2.72), あるいは式 (2.73) の形の微分方程式は**全微分方程式**とよばれる.

式 (2.72) の $P(x, y)$ と $Q(x, y)$ をそれぞれ, 2 次元面内の質点に働く力 $\boldsymbol{F}(x, y)$ の x 成分, y 成分だと考えてみよう. $\boldsymbol{F}$ が保存力の場合は, この力はポテンシャル $\Phi(x, y)$ で

$$\nabla \Phi(x, y) = \boldsymbol{F}(x, y) \tag{2.75}$$

と書ける (古典力学での定義とは異なり負号は除いた). ここで, ∇ はナブラ演算子とよばれ, スカラー関数 $\Phi(x, y)$ に作用して $\nabla \Phi(x, y) = (\partial \Phi/\partial x, \partial \Phi/\partial y)$ のようにベクトルを生成する演算子として定義されている. この $\Phi(x, y)$ を使うと式 (2.72) の左辺は

$$\frac{\partial \Phi}{\partial x} + \frac{\partial \Phi}{\partial y}\frac{dy}{dx} = \frac{d}{dx}\Phi(x, y(x)) \tag{2.76}$$

と書ける. よって $d\Phi(x, y(x)) = 0$ の一般解 $y(x)$ は任意定数 C を用いて

$$\Phi(x, y(x)) = C \tag{2.77}$$

のように陰関数で与えられる.

力学や電磁気学で学んだ人は, $\boldsymbol{F}(x, y)$ にポテンシャルが存在する, つまり保存力であるための条件は $\partial^2 \Phi/(\partial x \partial y) = \partial^2 \Phi/(\partial y \partial x)$ から得られる $\partial F_x/\partial y = \partial F_y/\partial x$ であったことを思い出そう. したがって, 上の解法が適用できるのは

$$\frac{\partial P(x, y)}{\partial y} = \frac{\partial Q(x, y)}{\partial x} \tag{2.78}$$

が満たされるときに限られる. この条件を満たす全微分方程式を**完全微分方程式**という.

注意 2.6 変数分離形の微分方程式 $dy/dx = X(x)Y(y)$ は $X(x)dx - (1/Y(y))dy = 0$ と書け, かつ $\partial X(x)/\partial y = \partial(1/Y(y))/\partial x(= 0)$ を満たすので完全微分方程式でもある. ◁

　では，完全微分方程式の条件が満たされているとして，具体的に解 $\Phi(x, y)$ を
どのように構成すればよいであろうか．まずは，具体例を見てみよう．

例題 2.7

$$(3x^2 - 4xy^2)dx - (3y^2 + 4x^2y)dy = 0 \tag{2.79}$$

の一般解を求めよ． ◁

(解) $P(x, y) = 3x^2 - 4xy^2$, $Q(x, y) = -3y^2 - 4x^2y$ とおくと $\partial P/\partial y = \partial Q/\partial x$ が
成り立つから完全微分形の微分方程式であることが確認できる．$\partial \Phi(x, y)/\partial x = P$
を満たす Φ は視察から

$$\Phi(x, y) = x^3 - 2x^2y^2 + Y(y) \tag{2.80}$$

一方，$\partial \Phi(x, y)/\partial y = Q$ を満たす Φ は

$$\Phi(x, y) = -y^3 - 2x^2y^2 + X(x) \tag{2.81}$$

とわかる．ここで，$X(x)$, $Y(y)$ はそれぞれ x のみ，y のみの未知関数である．
$\Phi(x, y)$ の 2 通りの表現が一致するためには，$X(x) = x^3$, $Y(y) = -y^3$ とすれば
よい．よって最終的に解は任意定数 C を用いて

$$\Phi(x, y) = x^3 - 2x^2y^2 - y^3 = C \tag{2.82}$$

となる．

　以上のことを系統的に記述しよう．まず，$\partial \Phi(x, y)/\partial x = P(x, y)$ から

$$\Phi = \int P dx + Y(y) \tag{2.83}$$

と書けることがわかる．次の目標は y のみの関数 $Y(y)$ を決定することである．そ
のために $Q(x, y) = \partial \Phi(x, y)/\partial y$ の右辺に Φ を代入すれば

$$Q = \frac{\partial}{\partial y} \int P dx + \frac{dY}{dy} \tag{2.84}$$

となる．これを，$Y(y)$ が満たすべき微分方程式

$$\frac{dY}{dy} = Q - \frac{\partial}{\partial y} \int P dx \tag{2.85}$$

と読む．両辺を y で積分すれば

$$Y(y) = \int Q dy - \int \left[\frac{\partial}{\partial y} \int P dx \right] dy \tag{2.86}$$

と $Y(y)$ が決まる．これを式 (2.83) に戻せば

$$\Phi(x,y) = \int P dx + \int Q dy - \int \left[\frac{\partial}{\partial y} \int P dx \right] dy \tag{2.87}$$

となる．ここで，一般に

$$\int \left[\frac{\partial}{\partial y} \int P dx \right] dy \neq \int P dx \tag{2.88}$$

であることに留意されたい．

注意 2.7　式 (2.85) の左辺は y のみの関数であるから，右辺も当然 y のみの関数のはずである．これは次のようにして確かめられる．式 (2.85) の右辺を x で偏微分すれば

$$\begin{aligned} \frac{\partial Q}{\partial x} - \frac{\partial}{\partial x} \left[\frac{\partial}{\partial y} \int P dx \right] &= \frac{\partial Q}{\partial x} - \frac{\partial}{\partial y} \left[\frac{\partial}{\partial x} \int P dx \right] \\ &= \frac{\partial Q}{\partial x} - \frac{\partial P}{\partial y} = 0 \end{aligned} \tag{2.89}$$

最後の等式は，$P(x,y)$ と $Q(x,y)$ が完全微分方程式の条件を満たしていることを用いた．　　　　　　　　　　　　　　　　　　　　　◁

注意 2.8　$\partial \Phi(x,y)/\partial y = Q(x,y)$ から出発する選択肢もある．式 (2.87) に対応する結果は

$$\Phi(x,y) = \int P dx + \int Q dy - \int \left[\frac{\partial}{\partial x} \int Q dy \right] dx \tag{2.90}$$

となる．x, y について対称な形にしたければ，2 つの結果を加えて 2 で割り

$$\Phi(x,y) = \int P dx + \int Q dy - \frac{1}{2} \left\{ \int \left[\frac{\partial}{\partial y} \int P dx \right] dy + \int \left[\frac{\partial}{\partial x} \int Q dy \right] dx \right\} \tag{2.91}$$

とすればよい．　　　　　　　　　　　　　　　　　　　　　　　◁

例題 2.8　式 (2.87) を使って例題 2.7 の解を再現せよ．　　　　◁

(**解**) 以下で各 C は任意定数である．$P(x,y) = 3x^2 - 4xy^2$, $Q(x,y) = -3y^2 - 4x^2y$ より

$$\int P dx = x^3 - 2x^2y^2 + C_p,$$

$$\int Q dy = -y^3 - 2x^2y^2 + C_q,$$

$$\int \left[\frac{\partial}{\partial y} \int P dx \right] dy = -4 \int x^2 y\, dy = -2x^2y^2 + C_p'$$

となる．これらを式 (2.87) に戻すと

$$\Phi(x,y) = x^3 - 2x^2y^2 + C_p - y^3 - 2x^2y^2 + C_q - (-2x^2y^2 + C_p')$$
$$= x^3 - 2x^2y^2 - y^3 + C' \tag{2.92}$$

を得る．

例 2.2　2 つのチーム A, B が騎馬戦を行っている．時刻 t での，それぞれの選手の数を $N_A(t)$, $N_B(t)$ と書く．A チームの選手は単位時間に 1 人あたり B チームの選手 P_A 人を無力化できるとする．同様に B チームの選手 1 人は，単位時間に A チームの選手 P_B 人を無力化できるとする．すると，

$$\frac{dN_A}{dt} = -P_B N_B(t), \tag{2.93a}$$

$$\frac{dN_B}{dt} = -P_A N_A(t) \tag{2.93b}$$

が成り立つ．両辺割ると $dN_A/dN_B = (P_B N_B)/(P_A N_A)$ だから，

$$P_A N_A dN_A - P_B N_B dN_B = 0 \tag{2.94}$$

と完全微分方程式になる．一般解は，任意定数を C として $P_A N_A^2 - P_B N_B^2 = C$ と書ける．この解は，例えば，今現在，拮抗した状態 $(C \approx 0)$ にあるとし，何らかの理由で選手数を 2 倍にした相手と引続き同じ人数で伍していくためには，個々の能力を 4 倍増強する必要があることを意味している． ◁

2.6 積 分 因 子

全微分方程式 $P(x,y)dx + Q(x,y)dy = 0,\ \partial P/\partial y \neq \partial Q/\partial x$ を考える．両辺に恒等的にはゼロではない関数 $\lambda(x,y)$ を乗じて

$$\lambda(x,y)P(x,y)dx + \lambda(x,y)Q(x,y)dy = 0 \tag{2.95}$$

としたときに，完全微分の条件

$$\frac{\partial}{\partial y}\left(\lambda(x,y)P(x,y)\right) = \frac{\partial}{\partial x}\left(\lambda(x,y)Q(x,y)\right) \tag{2.96}$$

が満たされる場合がある．このような $\lambda(x,y)$ を**積分因子**という．このアイデアは 1734 年に Clairaut (クレーロー) によって提出され，その後 Euler (オイラー) によって 2 階以上の微分方程式にも適用可能な形に拡張された．

与えられた $P(x,y),\ Q(x,y)$ に対して積分因子 $\lambda(x,y)$ はどのように決めればよいだろうか．λ が満たすべき条件は式 (2.96) から

$$\frac{\partial \lambda}{\partial y}P + \lambda\frac{\partial P}{\partial y} = \frac{\partial \lambda}{\partial x}Q + \lambda\frac{\partial Q}{\partial x} \tag{2.97}$$

であることはただちにわかる．しかし，これは λ についての偏微分方程式であり，その議論は本書の範囲を超えている．極めて実践的な方法としては，$\lambda(x,y) = x^m y^n$ のように関数形を仮定して完全微分になるような m, n を決める，などもある．

偏微分方程式に頼らずに $\lambda(x,y)$ を求める一般論は知られていない．ここでは，次の 2 つの例を紹介する．

$P(x,y) = A(x) - B(x)y,\ Q(x,y) = -1$ で与えられているとき，この微分方程式は

$$\frac{dy}{dx} + B(x)y = A(x) \tag{2.98}$$

と書き換えられる．このとき，$\lambda(x,y) = e^{\int B(x)dx}$ は積分因子である．両辺にこの $\lambda(x,y)$ を掛けると，左辺は

$$\left(\frac{dy}{dx} + B(x)y\right)e^{\int B(x)dx} = \frac{d}{dx}\left(ye^{\int B(x)dx}\right) \tag{2.99}$$

となるから，両辺を積分して

$$ye^{\int B(x)dx} = \int A(x)e^{\int^x B(x')dx'}dx \tag{2.100}$$

を得る. これより解は

$$y = e^{-\int B(x)dx} \left[\int A(x)e^{\int^x B(x')dx'} dx \right] \tag{2.101}$$

と求まる.

もう 1 つの例は次のようなものである. 恒等式

$$Pdx + Qdy = \frac{1}{2} \left[(xP + yQ) \left(\frac{dx}{x} + \frac{dy}{y} \right) + (xP - yQ) \left(\frac{dx}{x} - \frac{dy}{y} \right) \right]$$

$$= \frac{1}{2} \left[(xP + yQ)d\log(xy) + (xP - yQ)d\log\left(\frac{x}{y} \right) \right] \tag{2.102}$$

を考える. ここで, $xP + yQ \neq 0$ かつ $xP - yQ \neq 0$ であれば,

$$\frac{2}{xP + yQ}(Pdx + Qdy) = d\log(xy) + \frac{xP - yQ}{xP + yQ}d\log\left(\frac{x}{y} \right), \tag{2.103a}$$

$$\frac{2}{xP - yQ}(Pdx + Qdy) = \frac{xP + yQ}{xP - yQ}d\log(xy) + d\log\left(\frac{x}{y} \right) \tag{2.103b}$$

と書ける.

式 (2.103a) 右辺第 2 項の $(xP - yQ)/(xP + yQ)$ が x/y の関数であるとして

$$\frac{xP - yQ}{xP + yQ} = \varphi\left(\frac{x}{y} \right) \tag{2.104}$$

とおく. すると式 (2.103a) の右辺は

$$d\log(xy) + \varphi\left(\frac{x}{y} \right) d\log\left(\frac{x}{y} \right) = \left[\frac{1+\varphi}{x} \right] dx + \left[\frac{1-\varphi}{y} \right] dy \tag{2.105}$$

となる. このとき,

$$\frac{\partial}{\partial y}\left[\frac{1+\varphi}{x} \right] = \frac{\partial}{\partial x}\left[\frac{1-\varphi}{y} \right] = -\frac{\varphi'}{y^2} \tag{2.106}$$

が満たされているから, 式 (2.105) は, ある関数の全微分で与えられることがわかる. したがって, 式 (2.103a) の左辺にある

$$\lambda(x, y) \equiv \frac{2}{xP + yQ} \tag{2.107}$$

は積分因子である. この際, 係数 2 は本質的ではない.

式 (2.103b) についても同様の議論が成り立つ. 右辺第 1 項の $[(xP - yQ)/(xP + yQ)]^{-1}$ が xy の関数であるとする. これを $\psi(xy)$ と書くと, 式 (2.103b) の右辺は

$$\frac{1}{\psi(xy)}d\log(xy) + d\log\left(\frac{x}{y} \right) = \frac{1}{x}\left[\frac{1}{\psi} + 1 \right] dx + \frac{1}{y}\left[\frac{1}{\psi} - 1 \right] dy \tag{2.108}$$

となる．ここで

$$\frac{\partial}{\partial y}\left(\frac{1}{x}\left[\frac{1}{\psi}+1\right]\right)=\frac{\partial}{\partial x}\left(\frac{1}{y}\left[\frac{1}{\psi}-1\right]\right)=-\frac{\psi'}{\psi^2} \tag{2.109}$$

が成り立っているので，左辺に含まれる

$$\lambda(x,y)\equiv\frac{2}{xP-yQ} \tag{2.110}$$

は積分因子である．

例題 2.9

$$(y^2-xy)dx+x^2dy=0 \tag{2.111}$$

は完全微分方程式ではない．積分因子を求めよ． ◁

(解) $P(x,y)=y^2-xy,\ Q(x,y)=x^2$ と書くと，

$$\frac{xP-yQ}{xP+yQ}=\frac{xy^2-2x^2y}{xy^2}=1-2\frac{x}{y} \tag{2.112}$$

だから，$(xP-yQ)/(xP+yQ)$ は x/y の関数であるとわかる．よって式 (2.103a) が適用できる．積分因子 $\lambda(x,y)$ は (本質的ではない因子 2 を除いて)

$$\lambda(x,y)=\frac{1}{xP+yQ}=\frac{1}{xy^2} \tag{2.113}$$

と決まる．実際，この因子を与式の両辺に乗じれば

$$\frac{1}{xy^2}(y^2-xy)dx+\frac{1}{xy^2}x^2dy=\left[\frac{1}{x}-\frac{1}{y}\right]dx+\frac{x}{y^2}dy=0 \tag{2.114}$$

となり

$$\frac{\partial}{\partial y}\left[\frac{1}{x}-\frac{1}{y}\right]=\frac{\partial}{\partial x}\left(\frac{x}{y^2}\right) \tag{2.115}$$

を満たしているから，完全微分方程式である．これより，一般解は，任意定数を C として

$$\Phi(x,y)=\log x-\frac{x}{y}=C \tag{2.116}$$

と求まる．

2.7　特別な形の方程式

本節では，これまでに取り上げていない 1 階常微分方程式のうち，求積法による解法が知られている代表的な例を扱う．特に，後半では，一般解の枠内に収まらない特異解が現れる微分方程式を議論する．

2.7.1　Bernoulli の微分方程式

非斉次線形微分方程式の拡張とみなせる

$$\frac{dy}{dx} + X(x)y = \tilde{X}(x)y^n, \quad (n \neq 0, 1) \tag{2.117}$$

を考える．右辺の非斉次項が x のみの関数ではなく，y^n を伴っているところが式 (2.55) と異なる．この微分方程式は，**Bernoulli (ベルヌーイ) の微分方程式**とよばれる．類似性を手がかりに，非斉次線形微分方程式に帰着させることを考える．両辺を y^n で割って，左辺の 2 つの項に共通して現れる y^{1-n} をひとまとまりと見るのが自然であろう．$z = y^{1-n}$ とおく．両辺を x で微分すると $dz/dx = (1-n)y^{-n}dy/dx$．これより，式 (2.117) から dy/dx を消去すれば

$$\frac{dz}{dx} + (1-n)X(x)z = (1-n)\tilde{X}(x) \tag{2.118}$$

と，$z(x)$ の非斉次線形微分方程式に帰着できる．

例題 2.10

$$\frac{dy}{dx} + xy = y^2 \sin x \tag{2.119}$$

の一般解を求めよ． ◁

(解) これは $n = 2$ をもつ Bernoulli の微分方程式であることに気づく．$z = 1/y$ とおいて z の微分方程式に書き直せば，非斉次線形微分方程式

$$\frac{dz}{dx} - xz = -\sin x \tag{2.120}$$

に帰着できる．まず，斉次線形微分方程式の一般解は，任意定数を A として

$$z = Ae^{\frac{x^2}{2}} \tag{2.121}$$

と求まる．次に，定数変化法を適用し，式 (2.120) に $z = A(x)e^{x^2/2}$ を代入すると $A(x)$ に対する微分方程式

$$\frac{dA}{dx} = -e^{-\frac{x^2}{2}} \sin x \tag{2.122}$$

を得る．この解は

$$A(x) = -\int e^{-\frac{x^2}{2}} \sin x dx \tag{2.123}$$

となる．最終的に，求める一般解は

$$y = \frac{1}{z} = \frac{1}{-e^{\frac{x^2}{2}} \int e^{-\frac{x^2}{2}} \sin x dx} \tag{2.124}$$

と書ける．残った不定積分 (任意定数を与えることに注意) は初等関数では表せないことが知られている．

2.7.2　Riccati の微分方程式

次の形の微分方程式を **Riccati (リッカチ) の微分方程式**という．

$$\frac{dy}{dx} = X_2(x)y^2 + X_1(x)y + X_0(x) \tag{2.125}$$

y^2 の項を含むことからわかるように，これは非線形微分方程式である．この微分方程式の一般解を求める汎用的な求積法は存在しないことが知られている．しかし，視察などにより特殊解 y_1 が知れた場合には，それを使って一般解を構成できる．

求める一般解を，既知とした特殊解 y_1 を用いて

$$y = y_1 + \frac{1}{u(x)} \tag{2.126}$$

とおく．u の微分方程式を求め，その一般解を構成できれば目的を達成できる．代入して整理すれば，

$$\frac{du}{dx} = -2X_2(x)y_1(x)u - X_1(x)u - X_2(x) \equiv \tilde{X}_1(x)u - X_2(x) \tag{2.127}$$

となる．これは，$u(x)$ に対する非斉次線形微分方程式なので，$u(x)$ の一般解は 2.4 節の方法で求められる．

例題 2.11 Riccati の微分方程式

$$\frac{dy}{dx} = \frac{2}{x^4}y^2 + x^2 \tag{2.128}$$

の一般解を求めよ. ◁

(解) まず，特殊解 y_1 を探す．与式の形から x のべき関数に可能性があると着想するのは難しくないだろう．$y_1 = x^n$ とおいて代入すれば

$$nx^{n-1} = 2x^{2n-4} + x^2 \tag{2.129}$$

となる．等号を成立させるには $n = 3$ とすればよい．よって特殊解は $y_1 = x^3$ と決まる．

続いて，一般解を求めるために

$$y = x^3 + \frac{1}{u} \tag{2.130}$$

とおく．式 (2.128) に代入して u の微分方程式

$$\frac{du}{dx} = -\frac{4}{x}u - \frac{2}{x^4} \tag{2.131}$$

を得る．右辺第 2 項を除いた斉次線形微分方程式 $du/dx = -4u/x$ の一般解は，任意定数 A を用いて

$$u = Ax^{-4} \tag{2.132}$$

と求まる．定数変化法を適用して $u = A(x)x^{-4}$ を代入すれば

$$\frac{dA}{dx} = -2 \tag{2.133}$$

となる．これより，任意定数を C として $A(x) = -2x + C$ だから，$u = (-2x+C)x^{-4}$ が u の一般解．最終的に y の一般解は

$$y = x^3 + \frac{x^4}{-2x + C} \tag{2.134}$$

と求まる．

視察などによっても特殊解が見つからない場合は，変数係数 2 階線形微分方程式に帰着させる方法が知られている．式 (2.125) に対して，$y(x)$ から $u(x)$ への変換

$$y = -\frac{1}{X_2(x)}\frac{1}{u(x)}\frac{du(x)}{dx} = -\frac{1}{X_2(x)}\frac{d\log u(x)}{dx} \tag{2.135}$$

を施す. この y を代入すれば

$$\frac{d^2 u(x)}{dx^2} - \left[\frac{d \log X_2(x)}{dx} + X_1(x)\right]\frac{du(x)}{dx} + X_2(x)X_0(x)u(x) = 0 \qquad (2.136)$$

となる. 最高微分階数は 2 階なので, これは $u(x)$ についての 2 階微分方程式である. さらに, $d^2 u(x)/dx^2$, $du(x)/dx$, $u(x)$ についての 1 次式までしか含んでいないので, 線形微分方程式でもある. しかし, $du(x)/dx$ と $u(x)$ の「係数」が x の関数であることがこれまでと大きく異なる. この微分方程式は変数係数 2 階線形微分方程式とよばれる.

Riccati の微分方程式を解くことに帰着される工学の問題の 1 つは**線形制御問題**である. あるシステムが時間 t で決まる状態量 $x(t)$ によって特徴づけられているとする. これを望みの状態に保つために制御器を接続する. 何らかの意味で最適な状況を実現するには制御器の時間変化 $v(t)$ をどのようにすればよいか, が問われている. 制御器 $v(t)$ とシステムの状態量 $x(t)$ の時間変化が

$$\frac{dx(t)}{dt} = \alpha x(t) + \beta v(t) \qquad (2.137)$$

の関係にあるとする. ただし, $x(0) = x_0$ は固定されているとする. この系に対して, 時間 $0 \leq t \leq T$ で**コスト関数**[*2]が

$$J[v] = \int_0^T \left[mx^2(t) + nv^2(t)\right] dt \qquad (2.138)$$

で与えられるとし, これを最小にしたい. ただし $m > 0, n > 0$ とする. 例えば, $x = 0$ であることが望ましい状態であるとき, $x(0) = x_0 > 0$ から始まる挙動を速やかにゼロにしたい. その場合, $x(t) < 0$ になる場合も勘案し, $x^2(t)$ と t 軸が囲む面積をその「不適さ」を表す量としてとるのは 1 つの方法である. 一方, 最適な状態を実現するために投入する手間も可能な限り小さくしたい. これを見積もる量が $v^2(t)$ が作る面積である.

この $J[v]$ は関数 $v(t)$ を指定して初めて定まる量で, **汎関数**とよばれる. 関数が変数を入力としているのに対し, 汎関数は関数が入力であることが異なる. $x(t)$ を観測し, その結果に基づいて $v(t)$ を時間変化させることとする. そして式 (2.137) に従い, v に応じて x が決まる. $v(t)$ の時間変化をどのようにすればよいだろうか.

[*2] コスト関数はシステムに依存するだけでなく, 何をもって「最適」とするかという制御者の意図にも依存する.

それを決めるために，$J[v]$ を別の形に書き換える．微分方程式

$$\frac{d\pi^{(o)}}{dt} + 2\alpha\pi^{(o)} + m - \frac{\beta^2}{n}(\pi^{(o)})^2 = 0 \tag{2.139}$$

を満たす $\pi^{(o)}(t)$ を用いて，$\pi^{(o)}(t)x^2(t)$ なる量を考えよう．これを t で微分すると

$$\frac{d}{dt}(\pi^{(o)}x^2) = -mx^2 - nv^2 + n\left(v + \frac{\beta}{n}\pi^{(o)}x\right)^2 \tag{2.140}$$

が得られる．右辺の導出には，$\pi^{(o)}$ が従う微分方程式を考慮し，また自明な関係 $0 = -mx^2 - nv^2 + mx^2 + nv^2$ を用いた．$\pi^{(o)}(t = T) = 0$ なる条件を課して，上式を $0 \le t \le T$ で積分すると $J[v]$ に対する表現として

$$J[v] = \pi^{(o)}(0)x^2(0) + \int_0^T n\left(v + \frac{\beta}{n}\pi^{(o)}x\right)^2 dt \tag{2.141}$$

が得られる．$n > 0$ であるからこれを最小にするのは

$$v = -\frac{\beta}{n}\pi^{(o)}x \tag{2.142}$$

が満たされているときである．

　以上から，$J[v]$ を最小にする $v(t)$ は，条件 $\pi^{(o)}(T) = 0$ が付随した微分方程式 (2.139) から $\pi^{(o)}(t)$ を求め，ここにシステムの状態量 $x(t)$ を乗じて得られることがわかった．最適な (optimized) 制御を実現するための $\pi^{(o)}$ が従う微分方程式は Riccati の微分方程式である．

注意 2.9　ここで天下り的に与えた Riccati の微分方程式を導出する方法は，本教程『最適化と変分法』6.4 節が参考になる．　　　　　　　　　　　　　　　　　　　▷

例題 2.12　Riccati の微分方程式 (2.139) を 2 階線形微分方程式に書き直せ．　　▷

(解)

$$\pi^{(o)}(t) = -\frac{n}{\beta^2}\frac{1}{u(t)}\frac{du(t)}{dt} \tag{2.143}$$

として代入すると，

$$\frac{d^2u(t)}{dt^2} + 2\alpha\frac{du(t)}{dt} - \frac{m}{n}\beta^2 u(t) = 0 \tag{2.144}$$

となる．この例では，α, β が定数であったことを反映して，$u(t)$ が満たす微分方程式は定数係数 2 階線形微分方程式になった．この問題の解は 3 章で求める．

2.7.3　d'Alembert の微分方程式

　ここまで扱ってきた微分方程式は，$F(x,y,y')=0$ を y' について解いたときに，滑らかな 1 価関数 f を用いて $y'=f(x,y)$ の形に書けるものであった．この形の微分方程式を**正規形**といい，正規形以外の微分方程式を**非正規形**という．本項以降では，非正規形の代表的な例を取り上げる．

　まず，非正規形微分方程式のうち，y について解いた場合に扱いが容易になるものから議論する．微分方程式が 1 価関数 ϕ,ψ を用いて

$$y = x\phi(y') + \psi(y') \tag{2.145}$$

の形に書けたとする．この形の微分方程式を **d'Alembert (ダランベール) の微分方程式**，あるいは **Lagrange (ラグランジュ) の微分方程式**という．両辺を x で微分すると

$$y' = \phi(y') + x\frac{d\phi}{dy'}\frac{dy'}{dx} + \frac{d\psi}{dy'}\frac{dy'}{dx} \tag{2.146}$$

となる．これを

$$\frac{dx}{dy'} = -\frac{\frac{d\phi}{dy'}}{\phi(y')-y'}x - \frac{\frac{d\psi}{dy'}}{\phi(y')-y'} \tag{2.147}$$

と書く．ここで，

$$x \to \tilde{y}, \qquad y' \to \tilde{x} \tag{2.148}$$

と読み換えると，$\tilde{y}$ に対する非斉次 1 階線形微分方程式

$$\frac{d\tilde{y}}{d\tilde{x}} = P(\tilde{x})\tilde{y} + Q(\tilde{x}) \tag{2.149}$$

に帰着できていることがわかる．よって，以降は 2.4 節の解法に従って $\tilde{y}(\tilde{x})$ を求めればよい．

　以上の考察では $\phi(y')=y'$ の場合が暗黙に除外されていた．この場合に何が起こるかは次の具体例を通じて見ることにしよう．

例 2.3　微分方程式

$$xy'^2 - 2yy' + x = 0 \tag{2.150}$$

の解を求めよう. 与式は y' については2次式だから, y' について解くと一般には 2価になり, したがって非正規形の微分方程式である. 一方, y について解けば

$$y = \frac{1}{2}\left(y' + \frac{1}{y'}\right)x \tag{2.151}$$

と1価である. この両辺を x で微分して整理すると

$$\frac{dx}{dy'} = \frac{x}{y'} \tag{2.152}$$

となる. これは変数分離形なので, 任意定数を C としてただちに y' の一般解 $y' = Cx$ を得る. これを式 (2.151) に代入すれば, 一般解が

$$y = \frac{1}{2}\left(Cx^2 + \frac{1}{C}\right) \tag{2.153}$$

と決まる.

　ところで, 先に注意したように, 式 (2.151) の x の係数を

$$\phi(y') \equiv \frac{1}{2}\left(y' + \frac{1}{y'}\right) \tag{2.154}$$

として, $y' = \phi(y')$ を満たす y' は別に扱う必要があるのだった. この関係を満たす y' は $y' = \pm 1$ である. この微分方程式の一般解は任意定数を C' として $y = \pm x + C'$ と書ける. この解は, もともとの微分方程式の一部分から得たものであるから, 任意の C' に対して解になっているとは限らない. そこで, これを式 (2.151) に代入してみると $C' = 0$ のときにのみ等号が成立することがわかる.

　以上から, 微分方程式 (2.151) の解には一般解 (2.153) と $y = \pm x$ の2つがあることがわかった. 後者の解は, 一般解に含まれる任意定数 C をいかように変化させても表現できないことに留意されたい. この例の解 $y = \pm x$ のように, 一般解に含まれない解のことを**特異解**という. その詳細については項を改める.　　◁

2.7.4　Clairaut の微分方程式

　前項では, $y' = \phi(y')$ を満たす y' については, 個別に対応する必要があることを見た. ここでは, 恒等的に $y' = \phi(y')$ が成立する場合, つまり

$$y = y'x + \psi(y') \tag{2.155}$$

で与えられる微分方程式を考えよう．この形の微分方程式は **Clairaut (クレーロー) の微分方程式**とよばれる．歴史的には順序は逆で，Clairaut の微分方程式 (1734 年) を，d'Alembert が 1748 年に一般的な形に拡張して前項の d'Alembert の微分方程式を得ている．

Clairaut の微分方程式の両辺を x で微分し整理すれば

$$\frac{dy'}{dx}\left(x + \frac{d\psi}{dy'}\right) = 0 \tag{2.156}$$

となる．これより $dy'/dx = 0$，または $x + d\psi/dy' = 0$ であればよい．前者の場合は，任意定数を C として $y' = C$ とわかる．これを式 (2.155) に代入して一般解

$$y = Cx + \psi(C) \tag{2.157}$$

を得る．一方，$x + d\psi/dy' = 0$ の場合は，式 (2.155) と連立させて y' を消去すれば，任意定数を含まない解 $y = g(x)$ が得られる．これは特異解である．

例題 2.13

$$xy' - y + 2y'^2 - y' = 0 \tag{2.158}$$

の解を求めよ．   ◁

(解) y について解けば $y = y'x + (2y'^2 - y')$ であるから Clairaut の微分方程式である．両辺 x で微分すれば

$$\frac{dy'}{dx}\left(x + 4y' - 1\right) = 0 \tag{2.159}$$

となる．$dy'/dx = 0$ のときは任意定数を C として $y' = C$ だから，y について解いた式にこれを代入すると一般解

$$y = Cx + 2C^2 - C \tag{2.160}$$

を得る．一方 $x + 4y' - 1 = 0$ からは，$y' = -(x-1)/4$ を式 (2.158) に代入して

$$y = -\frac{1}{8}(x-1)^2 \tag{2.161}$$

を得る．この解は，一般解には含まれないので特異解である．

2.7.5 解の一意性について

微分方程式 $F(x, y, y') = 0$ を y' について解いたときに，連続な 1 価関数 f を用いて $y' = f(x, y)$ の形に書けることは，微分方程式の解 $y = y(x)$ が描く曲線上の任意の点 $(x_0, y(x_0))$ で接線を引いたとき，その傾き $y'(x_0)$ が $f(x_0, y(x_0))$ で一意に与えられることを意味する．逆にいえば，任意の点を通る微分方程式の解が描く曲線がただ 1 本である．一般に，$f(x, y)$ が C^1 級の 1 価関数であるとき，任意の点 $(x, y) = (x_0, y_0)$ を通過する微分方程式 $y' = f(x, y)$ の解がただ 1 つ存在する．これを**微分方程式の解の存在，ならびに一意性の定理**という．

では，y' について $y' = f(x, y)$ と解いたときに f が 1 価関数でない場合は何が起こるであろうか．点 $Q : (x_Q, y_Q)$ で右辺の $f(x_Q, y_Q)$ が n 個の異なる値をとれたとすると，これは点 Q を通過する微分方程式の解曲線が n 本描けることを意味する．その場合，点 Q では一意性が成り立たないという．

例 2.4 y' について 1 次ではない微分方程式

$$y'^2 - xy' = 0 \tag{2.162}$$

を考えよう．これは $y'(y' - x) = 0$ と分解されるから，実際には 2 つの微分方程式 $y' = 0$ と $y' - x = 0$ が存在することになる．それぞれから得られる一般解は $y = C_1$ と $y = x^2/2 + C_2$ で，平面上の各点を通過する解曲線は 2 本ある．   ◁

非正規形微分方程式は一意性の定理の埒外にあるので，今見たように，解の一意性が保証されない．さらに，特異解の存在を許す場合がある．以下では，代表例を通じてそのことを議論しよう．

2.7.6 特 異 解

これまで，いくつか例を見てきたように，微分方程式には特異解とよばれる解がある．これは，一般解に含まれる任意定数をいかなる有限の値に設定しても表現し得ない解として分類されている．

注意 2.10 この分類には，次のような曖昧さを含んでいる．変数分離形微分方程式

$$y' = y(1 - y) \tag{2.163}$$

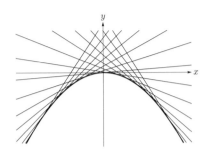

図 2.3 いくつかの C に対して一般解 (2.160) が作る直線群 $y = Cx + 2C^2 - C$ (細線) と，特異解 (2.161)：$y = -(x-1)^2/8$ (太線).

を考える．$y \neq 0, 1$ のとき一般解は任意定数 C を用いて

$$y = \frac{Ce^x}{Ce^x + 1} \tag{2.164}$$

とわかる．一方，恒等的に $y = 0$ である関数と $y = 1$ である関数も微分方程式の解になっていることが視察からわかる．$y = 0$ は，一般解で $C = 0$ とすることに対応しているが，$y = 1$ を与える C は有限の範囲には存在しない．この意味で $y = 1$ は特異解といえる．

　一方，任意定数を $C' = 1/C$ と取り直すと一般解 (2.164) は

$$y = \frac{e^x}{e^x + C'} \tag{2.165}$$

と書き直せる．この場合は，$y = 1$ がこの一般解に含まれるのに対し，$y = 0$ は含まれない特異解である．このような曖昧さを避ける 1 つの方法は，任意定数を有限の範囲に限定せず，正負の無限大を含めることである．　　　　　　　　▷

　しかし，一般解と特異解は互いに無関係というわけではない．例題 2.13 で得られた一般解 (2.160) で任意定数 C をさまざまに変化させて得られる解の群と特異解 (2.161) とを図示すると，図 2.3 のようになる．この図から，特異解は，一般解の族が作る**包絡線**になっていることが示唆される．この関係は，例題 2.13 に限らず，一般に成り立つことが以下のようにしてわかる．

　まず，包絡線についての復習から始めよう．パラメータ C を含む，xy 平面内の曲線 $f(x, y, C) = 0$ があるとする．C の値に応じて $f(x, y, C) = 0$ はさまざまな曲線を描く．このすべての曲線に接するような曲線 $g(x, y) = 0$ が描けるとき，この

$g(x, y) = 0$ を $f(x, y, C) = 0$ の包絡線という.

注意 2.11 そのような $g(x, y) = 0$ が存在しない場合もありえる.   ◁

　$f(x, y, C) = 0$ の包絡線を $g(x, y) = 0$ とし，包絡線上の点 (ξ, η) をとる．C を適当に選べば，$f(\xi, \eta, C) = 0$ を満たす．これより，$f = g$ を満たす点 (ξ, η) は C の関数とみなせるから以下これを $(\xi(C), \eta(C))$ と書く．$f(\xi(C), \eta(C), C) = 0$ の両辺を C で偏微分すれば

$$\frac{\partial f}{\partial \xi}\frac{d\xi}{dC} + \frac{\partial f}{\partial \eta}\frac{d\eta}{dC} + \frac{\partial f}{\partial C} = 0 \tag{2.166}$$

となる．一方，$f = 0$ と $g = 0$ は $(\xi(C), \eta(C))$ で共通接線をもっている．このことは，点 $(\xi(C), \eta(C))$ での $f = 0$ の法線方向，つまり f の勾配ベクトルの方向と $g = 0$ の接線方向 $(d\xi, d\eta)$ が互いに直交することを意味している．したがって，

$$\left.\frac{\partial f}{\partial x}\right|_{x=\xi}\frac{d\xi}{dC} + \left.\frac{\partial f}{\partial y}\right|_{y=\eta}\frac{d\eta}{dC} = 0 \tag{2.167}$$

の関係にある．この 2 つの関係から $\partial f/\partial C = 0$ となる．以上から，包絡線上の点 $(\xi(C), \eta(C))$ は

$$f = 0, \tag{2.168a}$$

$$\frac{\partial f}{\partial C} = 0 \tag{2.168b}$$

の 2 式を満たすことがわかった．ここから C を消去して得られる ξ と η の関係が求める包絡線である.

例題 2.14 式 (2.160) が与える包絡線を求めよ.   ◁

(解) 式 (2.160) から $f = Cx + 2C^2 - C - y$ とおく．$\partial f/\partial C = 0$ から

$$x + 4C - 1 = 0 \tag{2.169}$$

これと $f = 0$ とから C を消去すれば $y = -(x-1)^2/8$ を得る．これが求める包絡線であり，特異解 (2.161) と一致していることが確認できる.

　一般解とその包絡線，および特異解の観点から，y' についての 2 次式である例 2.3 の微分方程式 (2.150)

$$xy'^2 - 2yy' + x = 0 \tag{2.170}$$

を再度取り上げる.

$x \neq 0$ とし，あえて y' について解けば

$$y' = \frac{y}{x} \pm \sqrt{\left(\frac{y}{x}\right)^2 - 1} \tag{2.171}$$

である．$(y/x)^2 < 1$ ならば y' は実数ではないので，(本書の範囲での) 微分方程式の解は存在しない．よって，以下 xy 面内の $(y/x)^2 \geq 1$ の領域を考える．まず，$(y/x)^2 > 1$ で

$$y' = \frac{y}{x} + \sqrt{\left(\frac{y}{x}\right)^2 - 1} \tag{2.172}$$

を考える．これは同次形なので，$y = u(x)x$ とおけば

$$u'x = \sqrt{u^2 - 1} \tag{2.173}$$

と変数分離形に帰着できる．その一般解は，任意定数を C として，

$$Cx = u + \sqrt{u^2 - 1} \tag{2.174}$$

とわかる．$Cx - u = \sqrt{u^2 - 1} \geq 0$ より，以下 $Cx - u \geq 0$ の制限がつく．y を x で表せば，一般解として

$$y = \frac{1}{2}\left(Cx^2 + \frac{1}{C}\right) \tag{2.175}$$

を得る．ただし $Cx - y/x \geq 0$ から，与えられた C に対して $x \gtrless 0$ のとき $y \lessgtr Cx^2$ [領域 I とする] に存在する部分に限定される.

一方，複号の負のときの微分方程式

$$y' = \frac{y}{x} - \sqrt{\left(\frac{y}{x}\right)^2 - 1} \tag{2.176}$$

も同様にして

$$\frac{1}{Cx} - u = \sqrt{u^2 - 1} \tag{2.177}$$

となる．$1/(Cx) - u \geq 0$ のもとで，y を x で表せば，一般解として同じく式 (2.175) を得る．ただし，$1/(Cx) - u \geq 0$ から，与えられた C に対して $x \gtrless 0$ のとき $y \lessgtr 1/C$ [領域 II とする] に存在する部分に限定される.

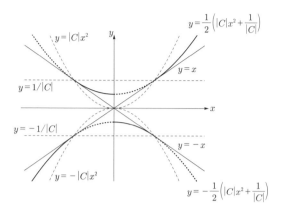

図 **2.4**　一般解のうち，領域 I に含まれる部分が太実線，領域 II に含まれる部分が太点線で示されている．2 つの領域の境界では特異解 $y = \pm x$ と接している．

一般解 (2.175) の包絡線を求めよう．C について偏微分した結果をゼロとおけば，$x^2 - 1/C^2 = 0$ となるから，これより $C = \pm 1/x$ を得る．これを式 (2.175) に戻して C を消去すれば，包絡線として $y = \pm x$ を得る．これが特異解であることは，$y = \pm x$ が解くべき微分方程式を満たすこと，および，一般解 (2.175) の C をいかように選んでも表現し得ないことから結論づけられる．よって，一般解の包絡線として特異解が得られる様子が確認できた．

では，これまで議論していない $(y/x)^2 = 1$ は何を与えるだろうか？ この条件からただちに $y = \pm x$ がわかる．これは上で求めた特異解に一致しているが，もちろん偶然ではない．y' について 2 次式の微分方程式を

$$F(x, y, y') = y'^2 + 2p(x, y)y' + q(x, y) = 0 \tag{2.178}$$

と書くことにすると，「重解条件」は

$$\frac{\partial F}{\partial y'} = y' + p(x, y) = 0 \tag{2.179}$$

で与えられる．この条件と $F(x, y, y') = 0$ から y' を消去することは，包絡線を求める手続きに他ならない．よって，重解条件が包絡線，つまり特異解を与えることになる．

$x = 0$ のときは，解くべき微分方程式は $2yy' = 0$ である．一般解 (2.175) で $x = 0$ とした解はこの微分方程式を満たすので，$x = 0$ のときの解は一般解 (2.175)

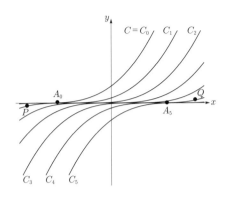

図 **2.5**　$(x, y) = (0, 0)$ を通る無数の解が存在する例.

に含まれていることがわかる. 結果をまとめて図示すると図 2.4 のようになる.

　特異解は, いわば異なる世界の一般解同士をつなぐ役割を果たしているとみなせる. そのつなぎ方が一意ではないことから, 解の一意性が損なわれる. 次の例題は, この点がより顕著に現れている.

例題 2.15

$$y' = 3y^{2/3} \tag{2.180}$$

の解を求めよ.　　　　　　　　　　　　　　　　　　　　　　　　　　　　▷

(解) 変数分離形だから $y \neq 0$ のとき, 任意定数を C として一般解が

$$y = (x - C)^3 \tag{2.181}$$

と書ける. これに加えて恒等的にゼロである関数, $y = 0$ も解であることが確認できる. これは特異解である. 実際, 一般解の包絡線を求めれば $y = 0$ が得られる. これらの解を, いくつかの C の値に対して図示すると図 2.5 のようになる.

　ここで, 例えば, 図中 P を通って, A_0 から A_5 までを特異解 $y = 0$ を辿り, Q に至るような曲線も解になっている. このようにして $(0, 0)$ を通る解曲線が一般に

$$Y = \begin{cases} (x - C_a)^3 & (x < C_a) \\ 0 & (C_a \leq x \leq C_b) \\ (x - C_b)^3 & (C_b < x) \end{cases} \tag{2.182}$$

と無数に書ける．つまり，$(0,0)$ を通過する特異解が存在するために，$(0,0)$ を通る解が一意には決まらない．

3 定数係数2階線形常微分方程式

2階常微分方程式のうち,係数が定数で,かつ線形性を有する微分方程式を対象とする.この微分方程式は,理工学の諸問題においてそれ自体重要であるだけでなく,のちに変数係数を含む微分方程式や非線形微分方程式を理解するための基盤にもなる.線形性の説明を行った後,この形の微分方程式を解く際に,有用な表記方法である複素表示法を導入する.続いて,定数係数2階線形微分方程式の一般解の系統的な構成方法を述べる.最後に,理工学に現れる具体的問題を通して運用事例を提示する.

3.1 線形性と解の重ね合わせ

シールを送るともれなく賞品がもらえるキャンペーンがあったとしよう.金のシール1枚で賞品2つ,銀なら3枚で賞品が1つもらえるものとする.このとき,金のシールを2枚送れば賞品は4つもらえ,銀のシールを6枚送れば賞品は2つ,金のシール1枚と銀のシール3枚なら賞品は3つもらえる,と期待するのはシールを送る側からすれば自然であろう.このような関係を**線形性**という.

この状況を定式化しよう.入力 x_1 に対して出力 X_1 が得られることを $X_1 = f(x_1)$ などと書くことにする.このとき,線形性とは a, b を定数として,

$$f(ax_1 + bx_2) = af(x_1) + bf(x_2)$$
$$= aX_1 + bX_2 \tag{3.1}$$

と書けることをいう.上の例で解釈すれば,x_1 が金のシールを1枚送ること,x_2 が銀のシールを3枚送ることに対応する.つまり,全体の振る舞いは,その部分部分の振る舞いの結果の合計に一致する,という主張である.

線形性を芯とする体系の代表は文字通り線形代数である.例えば,xy 平面上の点 $(x, y) = (2, 3)$ が行列

$$M = \begin{pmatrix} 1 & 2 \\ 3 & 4 \end{pmatrix} \tag{3.2}$$

によって変換される点を求めよう. 線形性を意識して書くと次のようになる. まず

$$\begin{pmatrix} 2 \\ 3 \end{pmatrix} = 2\begin{pmatrix} 1 \\ 0 \end{pmatrix} + 3\begin{pmatrix} 0 \\ 1 \end{pmatrix} \tag{3.3}$$

と分解する[*1]. これに対する行列 M の作用を冗長に書けば

$$\begin{pmatrix} 1 & 2 \\ 3 & 4 \end{pmatrix}\left\{2\begin{pmatrix} 1 \\ 0 \end{pmatrix} + 3\begin{pmatrix} 0 \\ 1 \end{pmatrix}\right\} = 2\begin{pmatrix} 1 & 2 \\ 3 & 4 \end{pmatrix}\begin{pmatrix} 1 \\ 0 \end{pmatrix} + 3\begin{pmatrix} 1 & 2 \\ 3 & 4 \end{pmatrix}\begin{pmatrix} 0 \\ 1 \end{pmatrix}$$

$$= 2\begin{pmatrix} 1 \\ 3 \end{pmatrix} + 3\begin{pmatrix} 2 \\ 4 \end{pmatrix} = \begin{pmatrix} 8 \\ 18 \end{pmatrix} \tag{3.4}$$

となる. 式 (3.1) との対応は x_1 と x_2 がそれぞれ $^t(1,0)$ と $^t(0,1)$, f が行列 M, X_1 と X_2 が $^t(1,3)$ と $^t(2,4)$ である.

　これまでは, 全体を既知としてそれを細分する見方をした. しかし, 実際に方程式を解くなどの際には, まずはじめに全体が求まり, その解釈や意味を考えるために部分部分に分割する, という順序になることは稀である. 逆に, 本来, 求めたいものは全体ではあるが, せいぜい求められるものは部分部分であって, これを足がかりにしていかに全体を求めるか, というのが普通である. もしも, 取り組んでいる問題に線形性が備わっているのなら, 式 (3.1) により, 部分の振る舞いさえ求まれば全体が求まったことになる. したがって, 線形性の有無は, 解法選択にとって非常に大きな分水嶺となる. ここで見たような部分を用いて全体を表現する方法, つまり, 各部分 x_i に定数 c_i を乗じ各々の和をとった

$$x = \sum_i c_i x_i \tag{3.5}$$

を x_i の重ね合わせ, あるいは**線形結合**という.

　2 章で扱った 1 階微分方程式のいくつかには, すでに線形の名称がついていた. これは次の性質をもっていることを意味した. 微分方程式

$$y' = f(x, y) \tag{3.6}$$

の (一般解ではなく) 互いに異なる特殊解 $y_1(x)$, $y_2(x)$ が 2 つ求まったとする. 各々解であるから, いずれも $y_1' = f(x, y_1)$, $y_2' = f(x, y_2)$ を満たす. 線形性があ

[*1]　ここでは, 簡単のため $^t(1,0)$ と $^t(0,1)$ を用いて分解したが (^{t} は転置をとることを意味する), その選択には任意性がある. 例えば, $^t(1/\sqrt{2}, 1/\sqrt{2})$ と $^t(-1/\sqrt{2}, 1/\sqrt{2})$ の組でもかまわない.

るときには，c_1, c_2 を任意定数として作った y_1 と y_2 の線形結合

$$y_3 = c_1 y_1 + c_2 y_2 \tag{3.7}$$

も解になっていた．式 (2.47) でその具体例をすでに見た．

　線形結合で作られた解は，その微分方程式が許すすべての解を表現し得る．このことを再び線形代数との対応で見てみよう．

　2 次元平面内の点 (x, y) を考える．この点の集合はベクトル空間 $\mathbf{R}^2$ をなす．ここでは，ベクトル空間とはある性質をもったものの集まりだという認識で十分である[*2]．この空間上の任意のベクトル $^t(x, y)$ は，2 つの**基底ベクトル** $^t(1, 0), {}^t(0, 1)$ の線形結合として

$$\begin{pmatrix} x \\ y \end{pmatrix} = x \begin{pmatrix} 1 \\ 0 \end{pmatrix} + y \begin{pmatrix} 0 \\ 1 \end{pmatrix} \tag{3.8}$$

と書ける．基底ベクトルの選択は一意ではなく，2 つの基底ベクトルが **1 次独立**であればよい．ここで 1 次独立とは，一方が他方の定数倍ではないことを指す (ゼロベクトルは想定していない)．いかなる基底ベクトルを用いたとしても，基底ベクトルという部品を適切につなぎ合わせることで，すべての要素が表現できるという点が重要である．逆に，すべてを表現できるミニマムな部品が基底ベクトルであるともいえる．

　これとまったく同様の構造が 2 階線形微分方程式の一般解にもある．つまり，2 階線形微分方程式の一般解は 2 次元ベクトル空間を作っている．基底ベクトルに相当するのは**基本解**とよばれるものであり，その線形結合を作ることで任意の一般解が表現できる．このことから，一般解を求めるためには，まず基本解を求めることが文字通り基本となる．基本解同士の適当な線形結合も，互いに 1 次独立である限り基本解となり得る．

　ここまではすべて，実数のみを暗に考えてきた．2 次代数方程式の解が実数の範囲だけにとどまらず複素解をもち得ることと関係して，2 階線形微分方程式の基本解を扱う際にも，複素変数の指数関数を用いるのが非常に便利がよい．そこで，次節では複素数の指数関数を導入する．

[*2] ベクトル空間の厳密な定義や性質は，本教程『線形代数 I』を参照されたい．

3.2 複素化と複素変数の指数関数

実変数 $x \in \mathbf{R}$ に対して,その**指数関数**e^x は

$$e^x = \sum_{n=0}^{\infty} \frac{1}{n!} x^n \tag{3.9}$$

で定義される.ただし $0! = 1$ である.これを純虚変数に対する指数関数に拡張したい.自然な拡張は,実数 x から虚数単位 $i = \sqrt{-1}$ との積である ix へ置き換えることであろう.これを認めると,純虚変数に対する指数関数は

$$e^{ix} = \sum_{n=0}^{\infty} \frac{1}{n!} (ix)^n \tag{3.10}$$

で与えられることになる.右辺を実部と虚部に分けて整理すると

$$
\begin{aligned}
e^{ix} &= \left(1 - \frac{1}{2!}x^2 + \frac{1}{4!}x^4 - \frac{1}{6!}x^6 + \cdots\right) + i\left(x - \frac{1}{3!}x^3 + \frac{1}{5!}x^5 - \cdots\right) \\
&= \sum_{n=0}^{\infty} \frac{(-1)^n}{(2n)!}x^{2n} + i\sum_{n=1}^{\infty} \frac{(-1)^{n-1}}{(2n-1)!}x^{2n-1} \\
&= \cos x + i\sin x
\end{aligned}
\tag{3.11}
$$

が得られる.最終行では,$\cos x$ と $\sin x$ に対する Taylor 展開を使った.最左辺と最右辺で与えられる関係

$$e^{ix} = \cos x + i\sin x \tag{3.12}$$

を **Euler (オイラー) の公式**という.この公式で i を $-i$ に置き換えると

$$e^{-ix} = \cos x - i\sin x \tag{3.13}$$

となる.$e^{\pm ix}$ に対する Euler の公式の辺々を加えれば

$$\cos x = \frac{e^{ix} + e^{-ix}}{2} \tag{3.14}$$

を,辺々を引けば

$$\sin x = \frac{e^{ix} - e^{-ix}}{2i} \tag{3.15}$$

を得る.これらの結果から,次の 3 つの式がいずれも等価であることが理解できる.

$$y(x) = A\sin x + B\cos x \tag{3.16a}$$

$$= \tilde{A}\sin(x + \delta) \tag{3.16b}$$

$$= C_1 e^{ix} + C_2 e^{-ix} \tag{3.16c}$$

ここで，A, B は任意実数定数，その A, B を用いて $\tilde{A} = \sqrt{A^2 + B^2}$, $\tan\delta = B/A$, $C_1 = (-iA + B)/2$, $C_2 = (iA + B)/2$ とおいた．

このように導入した純虚変数に対する指数関数 e^{ix} は，実変数に対する指数関数がもっていた諸性質を継承している．例えば $x, y \in \mathbf{R}$ として

$$e^{ix}e^{iy} = e^{i(x+y)}, \tag{3.17}$$

$$(e^{ix})^y = e^{ixy} \tag{3.18}$$

の指数法則が成り立つ．これより，一般の複素変数 $z = x + iy$ に対する指数関数は

$$e^z = e^x(\cos y + i\sin y) \tag{3.19}$$

であることがわかる．複素数の大きさは $|z| = \sqrt{x^2 + y^2}$ で定義される．これより

$$|e^{ix}| = \sqrt{\cos^2 x + \sin^2 x} = 1 \tag{3.20}$$

である．

微分や積分についても実数と同様に計算できる．例えば $a, b, x \in \mathbf{R}$ として

$$\frac{d}{dx}e^{(a+ib)x} = (a + ib)e^{(a+ib)x}, \tag{3.21}$$

$$\int e^{(a+ib)x}dx = \frac{1}{a + ib}e^{(a+ib)x} + C \tag{3.22}$$

等が成り立つ（C は任意定数）．

複素変数の指数関数には幾何学的な解釈を与えることができる．まず実数の2次元 xy 平面を考える．原点を中心とする半径 r の円周上の点 (x, y) は，x 軸から反時計回りを正方向として角度 θ をとると，$(x, y) = (r\cos\theta, r\sin\theta)$ と表現できる．（図 3.1 参照のこと）．ベクトル表記すると，$\mathbf{r} = {}^t(x, y)$, $\mathbf{e}_1 = {}^t(1, 0)$, $\mathbf{e}_2 = {}^t(0, 1)$ として $\mathbf{r} = r\cos\theta\mathbf{e}_1 + r\sin\theta\mathbf{e}_2$ となる．

この2次元平面を複素平面に対応させる．$re^{i\theta} = r\cos\theta + ir\sin\theta$ だから，複素平面の実軸，虚軸がそれぞれ x 軸，y 軸に相当する．これより，複素平面上の任意の複素数 $z = x + iy$ は $r = \sqrt{x^2 + y^2}$, $\tan\theta = y/x$ として $z = re^{i\theta}$ と書けることがわかる．以上の描像をもてば，次のような計算は容易に行える．

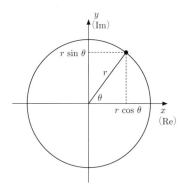

図 **3.1**　xy 平面と複素平面の対応.

例題 3.1　$(2i)^{1/2}$ を計算せよ.　　　　　　　　　　　　　　　　　　◁

(解)

$$(2i)^{1/2} = (2e^{i\pi/2})^{1/2} = \sqrt{2}e^{i\pi/4}$$
$$= \sqrt{2}\left[\cos\left(\frac{\pi}{4}\right) + i\sin\left(\frac{\pi}{4}\right)\right] = 1 + i \tag{3.23}$$

複素数 $z = x + iy$ に対して,その実部,虚部のみを取り出す演算をそれぞれ $\mathrm{Re}\, z = x,\ \mathrm{Im}\, z = y$ で定義する.これらの演算はそれぞれ,複素平面上で実軸,虚軸に対して射影をとることに対応する.例として,三角関数の合成

$$a\cos\theta + b\sin\theta = \sqrt{a^2 + b^2}\cos(\theta - \phi), \quad \tan\phi = \frac{b}{a} \tag{3.24}$$

を複素平面上で幾何学的に解釈すると,次の関係が読み取れる (図 3.2 を参照のこと).

$$a\cos\theta + b\sin\theta = \mathrm{Re}\,[ae^{i\theta} - ibe^{i\theta}]$$
$$= \mathrm{Re}\,[ae^{i\theta} + be^{i(\theta-\pi/2)}]$$
$$= |ae^{i\theta} + be^{i(\theta-\pi/2)}|\cos(\theta - \phi) \tag{3.25}$$

ここで導入した複素変数の指数関数とは,定義域が複素平面実軸上から複素平面全体に拡張された指数関数のことである.この定義域の拡張が,$x \to z$ とする

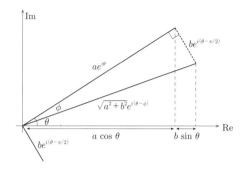

図 3.2　三角関数の合成の図形的解釈.

形式的な書き換えで与えられることは，実は自明ではない．この点について少し詳しく考えよう．なお，ここから本節終わりまでの内容を飛ばしてもそれ以降の理解には差し支えない．

　まず，実数の範囲で定義域を拡張しようとする際に，何が問題になるかを確認しよう．例えば，$x \geq 0$ で定義された $f(x) = x^2$ に対し，$x = 0$ で滑らかに接続する $x < 0$ で定義された関数 $g(x)$ を決めたいとする．すると，$g(x) = +x^2$ はもちろん，$g(x) = -x^2$ や $g(x) = -x^2 + x^3$ なども候補であり，$g(x)$ は一意に定まらない．ところが，複素関数の範囲では，本教程『複素関数論 II』の 2.2 節で詳述される**解析接続**の手法により，一意に決めることができる．複素関数論は，常微分方程式などの基盤を支える分野であり，必修である．本教程『複素関数論』を当座，手元で参照できない読者を想定し，要点だけに絞って以下，簡単に説明する．

　実数関数と複素関数でのこのような違いは，「滑らか」の程度の違いに起因する．そこで，複素関数論における滑らかさ，つまり微分可能性の説明から始めよう．複素関数 $f(z)$ が $z = a$ で微分可能であるとは，

$$f'(a) = \frac{df}{dz}\Big|_{z=a} = \lim_{\Delta z \to 0} \frac{f(a + \Delta z) - f(a)}{\Delta z} \tag{3.26}$$

が存在することをいう．ここで，Δz が，複素平面上どの方向から 0 に近づいても同じ極限値にならなければならないことに注意する．実数値関数では，Δz に対応する Δx を正負 2 方向から 0 に近づけたときに，同じ極限値をとることが求められたことと比べると，条件が厳しくなったといえる．複素関数に対しては，「より滑らか」であることが求められているのである．この厳しい微分可能性が，複

素関数と実関数の大きな違いを生んでいる.

$f(z)$ が,複素平面上の定義域 D 全体で (1 階) 微分可能であるとする.このとき,$f(z)$ は D で正則である,あるいは $f(z)$ は D 上の**正則関数**であるという.上の微分可能性の定義は,ある 1 点 $z = a$ での性質について述べたものではあるが,極限操作を伴っていることから,$z = a$ の近傍での性質をも表している.正則という語には,関数がある領域において微分可能であるという意味が含まれている.

D を $z = a$ を中心とする半径 R の開円盤領域 $D = \{z \,|\, |z - a| < R\}$ としよう.このとき,正則関数 $f(z)$ は

$$f(z) = f(a) + \frac{f'(a)}{1!}(z - a) + \cdots + \frac{f^{(n)}(a)}{n!}(z - a)^n + \cdots \tag{3.27}$$

と $z = a$ を中心に Taylor 展開できる (『複素関数論 I』7.3 節参照).この級数は,D 内のすべての z に対して収束する.展開右辺の各項は n 次の微分係数 $f^{(n)}(a)$ で与えられる.実関数 $f(x)$ では,これらの微分係数の存在は自明ではなかった.これは,$f(x)$ の n 階微分可能性が,$n + 1$ 階微分可能性を保証しないことによる.これに対し,複素関数では 1 階微分可能,つまり $f(z)$ が正則であれば,n 階微分も可能であることが保証されている.実際,正則関数 $f(z)$ に対して **Cauchy (コーシー) の積分公式**

$$f(a) = \frac{1}{2\pi i} \oint_C \frac{f(z)}{z - a} dz \tag{3.28}$$

と (『複素関数論 I』7.1 節参照),これを微分した **Goursat (グルサ) の定理**

$$f^{(n)}(a) = \frac{n!}{2\pi i} \oint_C \frac{f(z)}{(z - a)^{n+1}} dz \tag{3.29}$$

が成り立ち (『複素関数論 I』7.2 節参照),ここから展開係数が一意に決まる.こ こで,積分は $z = a$ を囲む D 内部の単純な閉曲線に沿うものとする.

正則関数が Taylor 展開可能であることを用いると,「複素平面上の領域 D で正則な 2 つの関数 $f(z), g(z)$ が,D 内部の領域 D_0 で $f(z) = g(z)$ であるならば,D 全体で $f(z) = g(z)$ である」という**一致の定理**が得られる (『複素関数論 II』2.1 節参照).ここから,「領域 D_0 で定義された $f_0(z)$ に対し,D_0 を内部に含む D で定義された正則関数 $f(z)$ のうち,D_0 で $f(z) = f_0(z)$ であるものは,たかだか 1 つしか存在しない」ことが示せる.これは,わずかな領域に対する条件だけで,広大な領域への拡張が一意に定まることを主張している.このようにして可能な限

り定義域を拡張して得られた関数を解析関数とよび，定義域を拡張する操作を解析接続という.

　実軸上だけで定義されていた e^x を複素平面全体へ一意に e^z と拡張できた理由は，複素平面上あらゆる方向に対して滑らか，という強い縛りがあったからなのである.

　一方，正則な点を中心とした Taylor 展開とは対照的に，正則ではない点を中心とする展開も，領域から正則ではない点を除外することで可能になる. $z = a$ が正則ではない点すると，それを除外した領域は一般には円環になる. その領域を $D = \{z | R_1 < |z - a| < R_2\}$ としよう. $f(z)$ が D で正則であれば，$f(z)$ は

$$f(z) = \sum_{n=-\infty}^{\infty} c_n (z-a)^n \tag{3.30}$$

と展開できる. 負べきが含まれていることが，通常のべき級数展開と比べた著しい特徴である. 展開係数は $n = 0, \pm1, \pm2, \cdots$ として，経路 C に沿った積分

$$c_n = \frac{1}{2\pi i} \oint_C \frac{f(\xi)}{(\xi - a)^{n+1}} d\xi \tag{3.31}$$

で与えられる. ここで，経路 C は，円 $|z - a| = R_2$ の内部にあって，かつ円 $|z - a| = R_1$ を囲む任意の単純な閉曲線とする. この級数展開を $z = a$ を中心とする **Laurent (ローラン) 展開**という (『複素関数論 I』7.3 節参照).

3.3　斉次線形微分方程式と特性方程式

　有用な道具がそろったところで，微分方程式の問題に戻ろう. 未知関数 $y(x)$，およびその 2 次までの導関数の 1 次式からなる微分方程式

$$p_2 \frac{d^2 y}{dx^2} + p_1 \frac{dy}{dx} + p_0 y = f(x) \tag{3.32}$$

を 2 階線形微分方程式とよぶのは 1 階線形微分方程式と同様である. 特に y に依存しない右辺がゼロ，つまり $f(x) = 0$ のときを**斉次**，$f(x) \neq 0$ のときを**非斉次 2 階線形微分方程式**という. 2 階線形微分方程式は 2 つの基本解をもっている. また，x にも y に依らない各 p_n を定数係数とよぶ.

　記法を簡略化するために以下 $p_1/p_2 = p, p_0/p_2 = q$ と書き，斉次定数係数 2 階線形微分方程式

$$\frac{d^2y}{dx^2} + p\frac{dy}{dx} + qy = \left[\frac{d^2}{dx^2} + p\frac{d}{dx} + q\right] y = 0 \tag{3.33}$$

を考える．この微分方程式の一般解を求めたい．

方程式が線形であることから，基本解が求まれば，その線形結合により一般解を構成できる．一般的解法を用いる前に，解くべき式を観察しよう．例えば，$p = 0$ なら，未知関数 y の 2 階微分が y 自身に比例することが要求される．また，$q = 0$ なら未知関数の 2 階微分と 1 階微分が比例関係にあることが求められる．これらから微分しても関数形を変えないものが解の候補となる．そこで基本解として $y = e^{\lambda x}$ とおき，これが解になるように未知定数 λ を決めることを考える．代入して $e^{\lambda x} \neq 0$ で両辺割れば，λ に対する代数方程式

$$\lambda^2 + p\lambda + q = 0 \tag{3.34}$$

を得る．仮置きした基本解 $y = e^{\lambda x}$ の λ を決める式 (3.34) を**特性方程式**という．

この 2 次方程式が実虚問わず，2 つの異なる解をもつときには，それぞれ $\lambda = \lambda_1, \lambda_2$ として基本解 $e^{\lambda_1 x}, e^{\lambda_2 x}$ を得る．定数 C_1, C_2 を用いて線形結合

$$y = C_1 e^{\lambda_1 x} + C_2 e^{\lambda_2 x} \tag{3.35}$$

を作れば求める一般解となる．これが一般解であることは，含まれる任意定数の数と微分方程式の最高微分階数が一致していることからいえる．

特性方程式が重解 $\lambda_1 = \lambda_2 \equiv \lambda_0$ をもつ場合，仮置きした解の形から得られる基本解はただ 1 つ $y = e^{\lambda_0 x}$ である．これを定数倍しても独立な基本解は得られず，線形結合を作っても一般解とはならない．そこで，2 つあるはずの基本解をそれぞれ $y = e^{\lambda_0 x}$ と $y = e^{(\lambda_0 + \delta)x}$ とおき，$\delta \to 0$ とすることを考える．この 2 つの基本解の線形結合は

$$y = C_0 e^{\lambda_0 x} + C_0' e^{(\lambda + \delta)x} \tag{3.36}$$

とするのが自然だが，このまま $\delta \to 0$ とすると独立な解が得られない．そこで，

$$y = C\left(1 - \frac{C'}{C\delta}\right) e^{\lambda_0 x} + \frac{C'}{\delta} e^{(\lambda_0 + \delta)x} \tag{3.37}$$

とする．$\delta \to 0$ の極限をとれば，

$$\lim_{\delta \to 0} y = \lim_{\delta \to 0} \left(Ce^{\lambda_0 x} + C'\frac{e^{(\lambda_0 + \delta)x} - e^{\lambda_0 x}}{\delta}\right)$$

$$= Ce^{\lambda_0 x} + C' \frac{d}{d\lambda} e^{\lambda x} \Big|_{\lambda = \lambda_0} = Ce^{\lambda_0 x} + C' x e^{\lambda_0 x} \tag{3.38}$$

となる．このことから，特性方程式が重解をもつ場合の基本解は $e^{\lambda_0 x}$ と $xe^{\lambda_0 x}$ であることが見てとれる．

基本解を $y = e^{\lambda x}$ とおいて特性方程式を解く手法は，Euler が棒の振動を記述する 4 階の定数係数線形微分方程式を解く過程で 1743 年に考案したといわれている．そのときには，特性方程式が重解をもつ場合の処理は保留になっていたようだが，やや遅れて，指数単項式 $y = x^k e^{\lambda x}$ を基本解にとればよいことに気づいた．

Euler の手順をなぞることが発見的すぎるという印象をもつ向きに，その再解釈にすぎないものではあるが，第一原理的手順を紹介する．発想は奇をてらったものではなく，2 階の微分方程式を 1 階の微分方程式に帰着させるという，すでに 1 章でも見た方針である．

$\lambda_1 + \lambda_2 = -p,\ \lambda_1 \lambda_2 = q$ を満たす $\lambda_{1,2}$ を用いて，定数係数 2 階線形微分方程式の左辺を

$$\left[\frac{d^2}{dx^2} + p\frac{d}{dx} + q \right] y = \left[\frac{d}{dx} - \lambda_1 \right] \left[\frac{d}{dx} - \lambda_2 \right] y \tag{3.39}$$

と書き直す．直接 y を求めるかわりに，

$$z(x) = \left[\frac{d}{dx} - \lambda_2 \right] y \tag{3.40}$$

とおき，まず z が満たす微分方程式

$$\left[\frac{d}{dx} - \lambda_1 \right] z = 0 \tag{3.41}$$

を解くことを考える．任意定数を C として一般解はただちに

$$z = Ce^{\lambda_1 x} \tag{3.42}$$

と求まる．これを z の定義に戻せば y が従う微分方程式は

$$\left[\frac{d}{dx} - \lambda_2 \right] y = Ce^{\lambda_1 x} \tag{3.43}$$

となる．これは，非斉次定数係数 1 階線形微分方程式だから，その一般解は定数変化法で求まるが，ここでは別法を用いる．左辺括弧中の λ_2 がなければ，両辺た

だちに x で積分できることに着目し，これが消えるような式変形を考えると，式 (3.43) は

$$\frac{d}{dx}\left(ye^{-\lambda_2 x}\right) = Ce^{(\lambda_1 - \lambda_2)x} \tag{3.44}$$

と等価であることに気づく (2.6 節を参照のこと)．この両辺を x で積分すれば

$$ye^{-\lambda_2 x} = C\int e^{(\lambda_1 - \lambda_2)x}dx \tag{3.45}$$

と書けるが，積分を実行するには場合分けが必要になる．$\lambda_1 \neq \lambda_2$ のとき，右辺の積分は任意定数を D として

$$C\int e^{(\lambda_1 - \lambda_2)x}dx = \frac{C}{\lambda_1 - \lambda_2}e^{(\lambda_1 - \lambda_2)x} + D \tag{3.46}$$

となる．よって，$C' = C/(\lambda_1 - \lambda_2)$ として

$$y = C'e^{\lambda_1 x} + De^{\lambda_2 x} \tag{3.47}$$

が一般解である．一方，$\lambda_1 = \lambda_2 \equiv \lambda_0$ のときは

$$C\int e^{(\lambda_1 - \lambda_2)x}dx = C\int dx = Cx + D \tag{3.48}$$

であるから，一般解は

$$y = e^{\lambda_0 x}(Cx + D) \tag{3.49}$$

となり，前の結果と一致した．

　特性方程式の 2 つの解が異なる場合の一般解は，式 (3.35) の形に書くことで尽きているが，特に複素共役解の場合は，別表現を用いる方が直観に訴える．$p^2 - 4q < 0$ なら複素共役解は $\lambda_{1,2} = -(p/2) \pm i\sqrt{q - (p/2)^2}$ である．これを代入すると一般解は

$$\begin{aligned}
y &= e^{-(p/2)x}\left(C_1 e^{i\sqrt{q-(p/2)^2}\,x} + C_2 e^{-i\sqrt{q-(p/2)^2}\,x}\right) \\
&= e^{-(p/2)x}\left\{A\cos\left(\sqrt{q - \left(\frac{p}{2}\right)^2}\,x\right) + B\sin\left(\sqrt{q - \left(\frac{p}{2}\right)^2}\,x\right)\right\}
\end{aligned} \tag{3.50}$$

と書ける．ここで，Euler の公式を用い，$A = C_1 + C_2$，$B = iC_1 - iC_2$ とした．この解は，単振動の振幅が指数関数に従って減衰していく様子，つまり減衰振動を明示的に表している．

注意 3.1　ここで議論したように粘性抵抗を与えると振幅は指数関数的に減衰する．一方，垂直抗力に比例する動摩擦の場合は，振幅が時間に比例して減衰する (Amontons-Coulomb (アモントン-クーロン) 摩擦)．　　　　　　　　　　◁

例題 3.2　例題 2.12 で求めた $0 \leq t \leq T$ に対する微分方程式 (2.144)

$$\frac{d^2 u(t)}{dt^2} + 2\alpha \frac{du(t)}{dt} - \frac{m}{n}\beta^2 u(t) = 0$$

を $\pi^{(o)}(T) = 0$ の下で解け．ただし，$\pi^{(o)}(t) = -(n/\beta^2)d\log u(t)/dt$.　◁

(解)　$\lambda_0 = \sqrt{\alpha^2 + (m/n)\beta^2}$ とおくと，特性方程式の解は $-\alpha \pm \lambda_0$ で与えられる．$u(t)$ の一般解は，任意定数 A, B を用いて，

$$u(t) = e^{-\alpha t}\left(Ae^{\lambda_0 t} + Be^{-\lambda_0 t}\right) \tag{3.51}$$

と書ける．条件 $\pi^{(o)}(T) = 0$ は $du(T)/dt = 0$ と読み替えられるので，

$$e^{-\alpha T}\left\{A(-\alpha + \lambda_0)e^{\lambda_0 T} - B(\alpha + \lambda_0)e^{-\lambda_0 T}\right\} = 0 \tag{3.52}$$

となる．これを満たす A, B は，任意定数 C を用いて

$$A = C(\alpha + \lambda_0)e^{-\lambda_0 T}, \tag{3.53a}$$

$$B = C(-\alpha + \lambda_0)e^{\lambda_0 T} \tag{3.53b}$$

とすれば十分である．これを戻して

$$u(t) = 2Ce^{-\alpha t}\left\{\lambda_0 \cosh[\lambda_0(T-t)] - \alpha \sinh[\lambda_0(T-t)]\right\}, \tag{3.54a}$$

$$\frac{du}{dt} = -2C\frac{m}{n}\beta^2 e^{-\alpha t}\sinh[\lambda_0(T-t)] \tag{3.54b}$$

と求まる．よって，

$$\pi^{(o)}(t) = -\frac{n}{\beta^2}\frac{du/dt}{u} = \frac{m\sinh[\lambda_0(T-t)]}{\lambda_0 \cosh[\lambda_0(T-t)] - \alpha \sinh[\lambda_0(T-t)]} \tag{3.55}$$

が解となる．これを図示したものが図 3.3 である．最適制御は，これに測定値 $x(t)$ を乗じて決まる $v(t)$ を用いればよい．

注意 3.2　もともとの問題は 1 階の微分方程式であったが，これを 2 階の微分方程式に帰着させた (例題 2.12)．これに伴って，解を求めるために必要な「初期」条件の個数も 2 個に増えると思いたくなるが，本問で見たように「初期」条件は 1 つのままであり，かつ最終結果も曖昧さなく決まっている．　　　　　◁

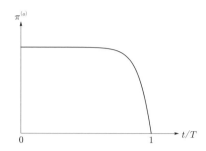

図 3.3 最適制御を与える $\pi^{(o)}$ の時間変化. $\alpha = -1$, $\beta = 2$, $m = 1$, $n = 1$ とした.

3.4 非斉次線形微分方程式と定数変化法

式 (3.33) の右辺に非斉次項 $f(x)$ を加えた

$$\frac{d^2y}{dx^2} + p\frac{dy}{dx} + qy = f(x) \tag{3.56}$$

を考える. この微分方程式の一般解を求める手順は 1 階線形微分方程式と同様である. つまり, 斉次微分方程式の一般解をまず求め, そこに, 非斉次微分方程式の特殊解を加えればよい. 斉次微分方程式の一般解は前節の議論で尽きているので, 非斉次方程式の特殊解をいかにして見つけるかが残った課題である. 任意の $f(x)$ に対して適用できる一般論は存在するが,「牛刀」を持ち出さずとも容易に対応できる 2 つの例を先に見よう.

例 3.1 非斉次項が $f(x) = A$ と定数で与えられる場合を考える. このとき, 微分方程式は

$$\frac{d^2y}{dx^2} + p\frac{dy}{dx} + q\left(y - \frac{A}{q}\right) = 0 \tag{3.57}$$

と書ける. そこで $Y = y - A/q$ とおけば

$$\frac{d^2Y}{dx^2} + p\frac{dY}{dx} + qY = 0 \tag{3.58}$$

と斉次微分方程式に帰着できる. この事実は, 調和振動子に一定の大きさの力を与えると, 釣り合い位置がずれた単振動を起こすことに対応している.   ◁

　非斉次線形微分方程式の特殊解についても，重ね合わせの原理は成り立つ．非斉次項が 2 つの項の和 $f(x) = f_1(x) + f_2(x)$ で与えられる場合，つまり

$$\frac{d^2 y}{dx^2} + p\frac{dy}{dx} + q = f_1(x) + f_2(x) \tag{3.59}$$

を考える．このとき，$f_1(x)$ のみを非斉次項とする微分方程式の特殊解 $\tilde{y}_1(x)$ と，$f_2(x)$ のみを非斉次項とする微分方程式の特殊解 $\tilde{y}_2(x)$ の線形結合 $\tilde{y}(x) = \tilde{y}_1(x) + \tilde{y}_2(x)$ は式 (3.59) の特殊解になる．

　逆に，これまでの暗黙の仮定 $p, q \in \mathbf{R}$ に留意して，$y'' + py' + qy = f(x)$ の特殊解を $\tilde{y}(x)$ とし，実部 $\tilde{y}_{\mathrm{r}}(x) \equiv \mathrm{Re}\,\tilde{y}(x)$ と虚部 $\tilde{y}_{\mathrm{i}}(x) \equiv \mathrm{Im}\,\tilde{y}(x)$ に分けて書くと

$$\tilde{y}_{\mathrm{r}}'' + p\tilde{y}_{\mathrm{r}}' + q\tilde{y}_{\mathrm{r}} = \mathrm{Re}\,f(x)$$
$$\tilde{y}_{\mathrm{i}}'' + p\tilde{y}_{\mathrm{i}}' + q\tilde{y}_{\mathrm{i}} = \mathrm{Im}\,f(x) \tag{3.60}$$

が成り立つ．

例 3.2　$f(x) = \cos\omega x$ とし，

$$\frac{d^2 y}{dx^2} + p\frac{dy}{dx} + qy = \cos\omega x \tag{3.61}$$

の特殊解を見つけたい．ただし，$(p, q) \neq (0, \omega^2)$ とする．3.2 節で導入した複素変数の指数関数を使おう．

$$\frac{d^2 y_{\mathrm{i}}}{dx^2} + p\frac{dy_{\mathrm{i}}}{dx} + qy_{\mathrm{i}} = \sin\omega x \tag{3.62}$$

を考え，辺々加えて $z = y + iy_{\mathrm{i}}$ が満たす微分方程式を作ると

$$\frac{d^2 z}{dx^2} + p\frac{dz}{dx} + qz = e^{i\omega x} \tag{3.63}$$

となる．特殊解 $\tilde{z}(x)$ が求まれば，その実部が特殊解 $\tilde{y}(x)$ を与える．

　$\tilde{z}(x)$ を見つけよう．微分した結果が $e^{i\omega x}$ に比例する関数の最も簡単な候補は同じ指数関数である．そこで，特殊解として $\tilde{z}(x) = Ae^{i\omega x}$ を仮定する．代入して両辺 $e^{i\omega x}$ で割れば，A に対する方程式

$$(-\omega^2 + ip\omega + q)A = 1 \tag{3.64}$$

が得られる．これより

$$A = \frac{1}{-\omega^2 + ip\omega + q} \tag{3.65}$$

と決まった. よって求める特殊解は

$$\tilde{y}(x) = \mathrm{Re}[\tilde{z}(x)]$$

$$= \frac{-\omega^2 + q}{(\omega^2 - q)^2 + (p\omega)^2} \cos \omega x + \frac{p\omega}{(\omega^2 - q)^2 + (p\omega)^2} \sin \omega x \qquad (3.66)$$

であることがわかった.   ◁

注意 3.3 複素関数を用いない方法は次のようにする. 特殊解として $\tilde{y}(x) = A \sin \omega x$ $+ B \cos \omega x$ とおいて代入し, これが任意の x で成立すべきことから, sin 成分と cos 成分の係数が両辺それぞれ等しいとおくことで, A, B の連立方程式を得る. 1.3 節の注意 1.7 も参照のこと.   ◁

　以上, 理工学の問題で典型的な 2 つの非斉次項について見た. では, 一般の非斉次項 $f(x)$ の場合はどのようにすればよいであろうか. $f(x)$ の特徴に注目して, 視察により解の形を推測し, これを代入して試行錯誤を繰り返す方が実効的である場合もあるが, 非斉次 1 階線形微分方程式に対して導入した定数変化法がここでも有効である.

　まず, 斉次方程式の 2 つの基本解を $y_1(x), y_2(x)$ とすれば, 任意定数を C_1, C_2 とした線形結合

$$y(x) = C_1 y_1(x) + C_2 y_2(x) \qquad (3.67)$$

が斉次微分方程式の一般解であることはすでに見たとおりである.

　次に, 定数 C_1, C_2 を「定数変化」させて x の関数 $C_1(x), C_2(x)$ と考え, 解を

$$\tilde{y}(x) = C_1(x) y_1(x) + C_2(x) y_2(x) \qquad (3.68)$$

とおく. 式 (3.56) に代入して整理すると

$$\left(C_1' y_1 + C_2' y_2 \right)' + p \left(C_1' y_1 + C_2' y_2 \right) + \left(C_1' y_1' + C_2' y_2' \right) = f(x) \qquad (3.69)$$

となる. $C_1(x), C_2(x)$ の微分を含まない項が残っていないのは, $y_1(x), y_2(x)$ が斉次微分方程式の解であることを使ったことによる. これより, $\tilde{y}(x) = C_1(x) y_1(x) + C_2(x) y_2(x)$ が解であるためには,

$$C_1' y_1 + C_2' y_2 = 0, \qquad (3.70a)$$

$$C_1' y_1' + C_2' y_2' = f(x) \tag{3.70b}$$

が十分である．これを

$$\begin{pmatrix} y_1 & y_2 \\ y_1' & y_2' \end{pmatrix} \begin{pmatrix} C_1' \\ C_2' \end{pmatrix} = \begin{pmatrix} 0 \\ f \end{pmatrix} \tag{3.71}$$

と書くと $C_1(x)$, $C_2(x)$ が満たすべき微分方程式が

$$\begin{pmatrix} C_1' \\ C_2' \end{pmatrix} = \frac{1}{W(y_1, y_2)} \begin{pmatrix} -y_2 f \\ y_1 f \end{pmatrix} \tag{3.72}$$

と決まる．ここで，2 つの基本解から決まる行列式

$$W(y_1, y_2) = \begin{vmatrix} y_1 & y_2 \\ y_1' & y_2' \end{vmatrix} \tag{3.73}$$

を定義した．この行列式 W を**ロンスキアン**という．C_1', C_2' が満たす微分方程式の右辺は，2 つの基本解 y_1, y_2 と非斉次項 f とからなっている．これらはすべて既知であるから，両辺を積分すれば $C_1(x)$, $C_2(x)$ が決まる．それらを $\tilde{y}(x) = C_1(x)y_1(x) + C_2(x)y_2(x)$ に戻せば，式 (3.56) の特殊解となる．具体例に適用してみよう．なお，本節の内容は，4 章で扱う変数係数線形微分方程式でも成立する．

例題 3.3

$$y'' + 2y' + y = e^x \sin x \tag{3.74}$$

の一般解を求めよ． ◁

(解) 斉次微分方程式の特性方程式は重解 $\lambda = -1$ をもつから，基本解は $y_1 = e^{-x}$ と $y_2 = xe^{-x}$ とわかる．よって，斉次微分方程式の一般解は，任意定数を A, B として $y(x) = Ae^{-x} + Bxe^{-x}$ と書ける．ロンスキアン W は

$$W = \begin{vmatrix} e^{-x} & xe^{-x} \\ (e^{-x})' & (xe^{-x})' \end{vmatrix} = e^{-2x} \tag{3.75}$$

である．求める解を $\tilde{y}(x) = C_1(x)y_1(x) + C_2(x)y_2(x)$ とおけば，$C_1(x)$, $C_2(x)$ は

$$C_1'(x) = -\frac{y_2(x)e^x \sin x}{W}, \tag{3.76a}$$

$$C_2'(x) = \frac{y_1(x)e^x \sin x}{W} \tag{3.76b}$$

を満たす．これより

$$C_1(x) = -\int xe^{2x} \sin x dx, \tag{3.77a}$$

$$C_2(x) = \int e^{2x} \sin x dx \tag{3.77b}$$

と決まる．このまま積分を実行することはもちろん可能だが，3.2 節で導入した複素変数の指数関数を用いると手数を少し減らせる．

$$C_1(x) = -\mathrm{Im}\left[\int xe^{(2+i)x}dx\right] = -\mathrm{Im}\left[\frac{xe^{(2+i)x}}{2+i} - \int \frac{e^{(2+i)x}}{2+i}dx\right]$$

$$= \frac{e^{2x}}{25}\left\{(5x-4)\cos x - (10x-3)\sin x\right\} \tag{3.78}$$

同様にして

$$C_2(x) = \mathrm{Im}\left[\int e^{(2+i)x}dx\right] = -\frac{e^{2x}}{5}(\cos x - 2\sin x) \tag{3.79}$$

と求まる．これより特殊解 $\tilde{y}(x)$ は

$$\tilde{y}(x) = C_1(x)y_1(x) + C_2(x)y_2(x) = \frac{e^x}{25}(3\sin x - 4\cos x) \tag{3.80}$$

となる．斉次微分方程式の一般解を加えれば，非斉次微分方程式の一般解は

$$y(x) = Ae^{-x} + Bxe^{-x} + \frac{e^x}{25}(3\sin x - 4\cos x) \tag{3.81}$$

と求まる．なお，$C_1(x), C_2(x)$ を与える不定積分からの任意定数を残して書けば，それが斉次方程式の一般解に他ならない．

　先に導入したロンスキアン W は，単に微分方程式の解を求める道具としてのみ有用なのではなく，斉次微分方程式の基本解の 1 次独立性に関する情報ももっている．ロンスキアンのもつ重要な性質について短く議論しよう．

　2 つの解 $y_1(x)$ と $y_2(x)$ が 1 次独立でなかったとする．これは，一方が他方の定数倍で書けることを意味するから，その定数を C として $y_1(x) = Cy_2(x)$ とおける．ここから得られる自明な関係式 $y_1' = Cy_2'$ を介して，

$$\frac{y_1'}{y_1} = \frac{y_2'}{y_2} \tag{3.82}$$

と書ける．この関係は $W(y_1, y_2) = 0$ を意味する．つまり，1次独立でないならばロンスキアンがゼロであることがわかる．逆に，$W(y_1, y_2) = 0$ であれば

$$\frac{y_1'}{y_1} = \frac{y_2'}{y_2} \tag{3.83}$$

である．これは $d\log y_1/dx = d\log y_2/dx$ と書ける．積分すれば $\log y_1 = \log y_2 + \log C$ となるから，$W = 0$ ならば $y_1 = Cy_2$ であることがいえる．

　以上から，2つの基本解 $y_1(x), y_2(x)$ の1次独立性を判断するには $W = 0$ であるか否かをみればよいことがわかった．ここで，もし特別な $x = x^*$ に対してのみ $W(y_1(x^*), y_2(x^*)) = 0$ であるとすれば，基本解の1次独立性が，解を構成する定義域に依存するという懸念事項が生じる．しかし，それはあたらない．つまり，ある x で $W \neq 0$ であれば任意の x で $W \neq 0$ であり，逆に，ある x で $W = 0$ であれば恒等的に $W = 0$ であることが以下のようにいえる．

　$W = y_1 y_2' - y_1' y_2$ の両辺を x で微分すると $W' = y_1 y_2'' - y_1'' y_2$ となる．2階微分の項に，基本解 y_1, y_2 が満たす関係式 $y_{1,2}'' + py_{1,2}' + qy_{1,2} = 0$ を代入すると

$$W' = -pW \tag{3.84}$$

となる．いま p は定数だからただちに積分できて

$$W(x) = Ce^{-px} \tag{3.85}$$

とわかる．これより，ある x で $W(x) \neq 0$ であれば $C \neq 0$ を意味するので，このとき $W(x) = 0$ になることはない．一方，ある x で $W(x) = 0$ であれば $C = 0$ を意味するから，このときは恒等的に $W(x) = 0$ であることがわかる．

注意 3.4　式 (3.70a), (3.70b) の代わりに

$$[C_1'y_1 + C_2'y_2]' + p[C_1'y_1 + C_2'y_2] = 0, \tag{3.86a}$$
$$C_1'y_1' + C_2'y_2' = f(x) \tag{3.86b}$$

あるいは

$$[C_1'y_1 + C_2'y_2]' + p[C_1'y_1 + C_2'y_2] = f(x), \tag{3.87a}$$
$$C_1'y_1' + C_2'y_2' = 0 \tag{3.87b}$$

としても，式 (3.69) は成り立つ．これらの場合でも，$C_1'y_1 + C_2'y_2$ に対する一般解を求め，式 (3.85) を併用することで，最終的な解 $\tilde{y} = C_1(x)y_1(x) + C_2(x)y_2(x)$ は同一であることが確認できる．　　　　　　　　　　　　　　　　　　　　◁

表 3.1   機械系振動を特徴づける 3 つの要素. 慣性要素を四角, あるいは白抜き丸で表した図もある.

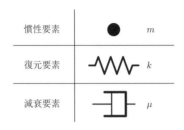

3.5 応用 (機械振動系)

本節では機械系を中心とした工学の諸問題に現れる振動現象を微分方程式でモデル化し, これまでの知見を適用してその解析を行う.

開発の現場では, 機械に発生する振動は一般には歓迎されない現象であることがほとんどである. したがって, 振動の発生をいかに抑えるかという設計・制御の観点が重要になる. その振動を制御するためには, 振動の発生機構を理解しておく必要がある.

実際の機械はさまざまな構成要素からなる複雑な対象である. その「丸ごと」を対象としたシミュレーションには有限要素法などを用いた大規模数値計算が必要となる. しかし, それを行う場合であっても, 対象を力学モデルとよばれる系で近似し, 本質的な振る舞いをあらかじめ理解しておくことは重要である. 力学モデルに落とし込むためには, 実際の機械を理想化・簡単化し, いくつかの基本要素から構成されているものとして近似する必要がある. 本節では表 3.1 に示す 3 種類の構成要素を取り上げる.

慣性要素とは, 例えば質点の並進運動の場合は質量 m と加速度 a の積 ma, 慣性モーメント I をもつ剛体の回転運動の場合は I と角速度の時間微分との積 $I\dot{\omega}$ を指す. **復元要素**はもとの状態に戻そうとする力のことで, 本節では, ばね定数 k のばねが自然長から x だけ伸ばされたときに縮もうとする力 $F_s = -kx$ を対象とする. **減衰要素**は, 摩擦によってエネルギーを消費する要素であり, ダッシュポットやダンパーなどとよばれる. 本節で考える減衰力は粘性抵抗 F_d に限定する. 以下これを, $\mu > 0$ として $F_d = -\mu\dot{x}$ ($\dot{x} \equiv dx(t)/dt$) と書く.

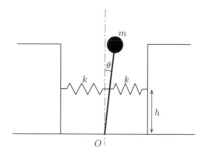

図 **3.4** 倒立振り子.

本章では，例題 3.2 を除いて未知関数を x の関数 $y(x)$ と表記してきた．しかし，振動現象は時間の関数として捉えるのが通常である．そこで，本節では独立変数を時間 t にとり，振動を行う質点や剛体の変位を $x(t)$ や $y(t)$ と書くことにする．

例 3.3 図 3.4 のように，質量 m の物体が長さ l の棒に突き刺さって立っている．この棒は，高さ h に設置されたばね定数 k のばねで左右から支えられている．このような系を倒立振り子という．物体を釣り合い位置からわずかにずらしたときに起こる運動を議論しよう．ただし，物体を支えている棒の質量は無視できるとし，運動は紙面内に限定されているとする．

棒が固定されている点を O とする．物体の O まわりの慣性モーメントは $I = ml^2$ である．物体の釣り合い位置からのずれを角度 θ で表し，この時間変化を $\theta(t)$ と書く．O まわりの重力のモーメントは，図 3.4 の状況で質点を時計回りに回そうとする方向に働き，この向きを正として

$$N_g = mgl \sin \theta \approx mgl\theta \tag{3.88}$$

と書ける．一方，1 つのばねからの復元力のモーメントは，質点を反時計回りに回そうとする方向に働くことから，負号を伴った

$$N_k = -k(h\theta)h \cos \theta \approx -kh^2\theta \tag{3.89}$$

である．これより，物体の角運動量変化を表す微分方程式は

$$I\frac{d^2\theta}{dt^2} = mgl\theta - 2kh^2\theta \tag{3.90}$$

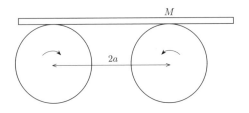

図 **3.5**　逆回転する 2 つのローラー上に置かれた板.

となるから物体は角振動数

$$\omega = \sqrt{\frac{2kh^2 - mgl}{ml^2}} \tag{3.91}$$

で単振動を行うことがわかる. なお, ω が実数であるための条件から $h > h_{\min} = \sqrt{mgl/2k}$ が必要である. これは, $h < h_{\min}$ では, 倒立できないことを意味している. また, $h_{\min} < l$ でなければならないので, $l > mg/2k$ が必要である. ◁

例 3.4 図 3.5 のように, 等しい角速度で互いに相手方向に向かって回転しているローラーが, 距離 $2a$ の間隔で平行に置かれている. この上に質量 M の板をのせた. 板とローラーの間には摩擦係数 ν で決まる摩擦力が働いている. この板の挙動を議論しよう.

　2 つのローラーの中央を原点として, 右方向を正とする座標軸をとり, 時刻 t での板の重心座標を $x(t)$ とする. $-a < x(t) < a$ としてよい. 重心とは, その点に剛体の全質量が集中していると解釈できる点である. 重心が $x(t)$ に一致するように, 板の全質量を 2 つのローラーの接点に振り分けよう. 左右 2 つの接点位置に実効的に存在しているとみなす質量をそれぞれ M_l, M_r と書く. このとき, 全質量 M が $M_l + M_r = M$ を満たすこと, および重心の定義 $-aM_l + aM_r = xM$ とから

$$M_l = \frac{a - x}{2a} M, \tag{3.92a}$$

$$M_r = \frac{a + x}{2a} M \tag{3.92b}$$

と決まる. 左右のローラーに働く摩擦力はそれぞれ右向き, 左向きだから, 重心の運動方程式は

$$M\frac{d^2 x}{dt^2} = \nu \left(\frac{a - x}{2a} M \right) g - \nu \left(\frac{a + x}{2a} M \right) g$$

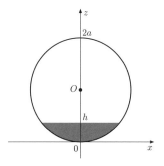

図 3.6　スロッシングを起こす，タンクの中の液体.

$$= -\frac{\nu M g}{a}x \tag{3.93}$$

と書ける．これより，板は単振動し，その角振動数は $\omega = \sqrt{\nu g/a}$ であることが
わかる.　　　　　　　　　　　　　　　　　　　　　　　　　　　　　　◁

例 3.5　コンビナートなどでは，球形や円筒形の巨大タンクが林立している．タ
ンク内部に空間があると，地震などによってタンクが揺すられた際に，収納され
ている液体がさまざまな振動現象を起こす．この現象を総称して**スロッシング**と
よぶ．スロッシングは厳密には流体方程式に従って記述されるが，ここでは液体
を剛体とみなして，その振る舞いを議論しよう．

図 3.6 のように，半径 a の球形タンクの底から h の高さまで液体が存在してい
るとする．この液体を剛体と見立て，$z = a$ にあるタンクの中心 O を支点として
この剛体が「振り子」のように振動すると考えてみる．この振動の特徴量として
固有角振動数を求めよう．そのためには振り子の手の長さを知る必要がある．振
り子の手の長さは，タンク中心 O から測った剛体の重心までの距離に等しい．そ
こで，まず，この座標系での剛体の重心座標 (x_G, y_G, z_G) を求めよう．対称性か
ら明らかに $x_G = y_G = 0$ である．一方，z_G は，積分範囲を剛体内部全体として，

$$z_G = \frac{\int z\,dx\,dy\,dx}{\int dx\,dy\,dz} \tag{3.94}$$

と書ける．z 軸方向に積分すると，$\kappa = h/a$ として

$$z_G = \frac{\int_0^h z\cdot\pi\{a^2-(a-z)^2\}dz}{\int_0^h \pi\{a^2-(a-z)^2\}dz} = \frac{8\kappa-3\kappa^2}{12-4\kappa}a \tag{3.95}$$

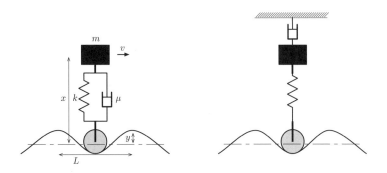

図 3.7 路面の凹凸を拾う慣性要素. (左) 受動制御. (右) 能動制御. 一点鎖線は基準面を表す.

となる. これより, 振り子の手の長さ l は

$$l = a - z_G = \frac{3(2 - \kappa)^2}{4(3 - \kappa)} a \tag{3.96}$$

とみなせることから, 固有角振動数 ω は

$$\omega = \sqrt{\frac{g}{l}} = \sqrt{\frac{4(3 - \kappa)}{3(2 - \kappa)^2} \frac{g}{a}} = \sqrt{\frac{g}{a}} \left(1 + \frac{\kappa}{3} + \mathcal{O}(\kappa^2) \right) \tag{3.97}$$

となる. 剛体近似が適切であるとすれば, この値に近い角振動数をもった外力が働いた際にはタンク内部の液体は共振を起こし, 激しく振動すると予想される. ◁

注意 3.5 剛体近似を用いない詳しい解析からは, Rattayya (ラターヤ) の式とよばれる結果が知られている. これを κ について展開すると,

$$\omega = \sqrt{\frac{g}{a}} \left(1 + \frac{\kappa}{6} + \mathcal{O}(\kappa^2) \right) \tag{3.98}$$

となる.   ◁

例 3.6 図 3.7(左) のように, 質量 m の物体が, ばね定数 k のばねとダッシュポットを介して車輪とつながっている系を考える. この質点が運動している最中は, 物体と車輪の重心を結ぶ線分は常に鉛直線上にあって, いずれの構成要素も大きさは無視できると仮定する. 物体が等速度 v で右に運動すると, 車輪は路面の凹凸に応じて上下する.

　この系が，自動車やオートバイをモデル化したものだとすれば，物体に路面の凹凸をなるべく伝えないことが乗り心地のよさにつながる．一方，路面の凹凸の測定器であるとすれば，凸凹を正確に物体に伝えることが重要な要件となる．車輪が拾う凹凸が物体にいかに伝達されるかを議論しよう．

　単純化した路面の凹凸を周期 L の三角関数で近似的に表す．物体が等速度 v で L 進むのに要する時間を T とし，$T = L/v \equiv 2\pi/\omega$ なる関係を満たす ω を導入する．すると，路面の基準面からの変位 y は時間 t の関数として $y(t) = y_0 \cos \omega t$ と書ける．

　基準面からはかった物体の座標を $x(t)$ とすると，物体が従う運動方程式は

$$m\frac{d^2x}{dt^2} = -k(x-y) - \mu\frac{d(x-y)}{dt} \tag{3.99}$$

である．ここに $y(t)$ を代入し，$2\gamma = \mu/m > 0$, $\omega_0^2 = k/m$ を用いて整理すれば，$x(t)$ のみの微分方程式

$$m\frac{d^2x}{dt^2} + 2\gamma\frac{dx}{dt} + \omega_0^2 x = -2\gamma\omega y_0 \sin\omega t + \omega_0^2 y_0 \cos\omega t \tag{3.100}$$

を得る．以下，この微分方程式が与える解の，十分時間が経過した後の挙動を議論したい．式 (3.100) は右辺を非斉次項とする非斉次 2 階線形微分方程式である．ところで，$\gamma > 0$ であるから斉次方程式の一般解は，γ と ω_0 の大小関係に依らず，十分時間が経過した後はゼロに収束する．したがって，議論の対象を非斉次微分方程式の特殊解のみに限定できる．

　その特殊解 $\tilde{x}(t)$ を求めるために複素化を行う．$z(t) = x(t) + ix_i(t)$ とおき，この $z(t)$ が従う微分方程式

$$\frac{d^2z}{dt^2} + 2\gamma\frac{dz}{dt} + \omega_0^2 z = i2\gamma\omega y_0 e^{i\omega t} + \omega_0^2 y_0 e^{i\omega t} \tag{3.101}$$

の実部を考える．特殊解として $\tilde{z}(t) = z_0 e^{i\omega t}$ を仮定して代入することで，z_0 が

$$z_0 = \frac{\omega_0^2 + i2\gamma\omega}{\omega_0^2 - \omega^2 + i2\gamma\omega}y_0 = \frac{1 + i2\tilde{\gamma}\tilde{\omega}}{1 - \tilde{\omega}^2 + i2\tilde{\gamma}\tilde{\omega}}y_0 \tag{3.102}$$

と求まる．ここで，$\tilde{\gamma} \equiv \gamma/\omega_0$, $\tilde{\omega} \equiv \omega/\omega_0$ を定義した．これより，求める特殊解は

$$\tilde{x}(t) = \mathrm{Re}\left[\frac{1 + i2\tilde{\gamma}\tilde{\omega}}{1 - \tilde{\omega}^2 + i2\tilde{\gamma}\tilde{\omega}}y_0 e^{i\omega t}\right] \tag{3.103}$$

である．

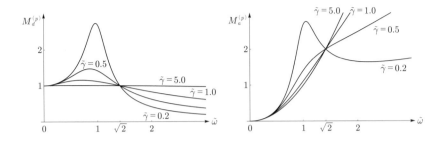

図 3.8　図 3.7(左) で表される受動制御での (左) 変位振幅倍率と (右) 加速度振幅倍率.

　ここで，路面の凸凹に起因した振動が物体に伝達される程度を表す指標として，$\tilde{x}(x)$ の振幅と y_0 の比で定義される変位振幅倍率 $M_d^{(p)}$ を考える．これは，$|\tilde{z}(t)|/y_0$ に等しいので

$$M_d^{(p)} = \frac{|\tilde{z}(t)|}{y_0} = \frac{|1 + i2\tilde{\gamma}\tilde{\omega}|}{|1 - \tilde{\omega}^2 + i2\tilde{\gamma}\tilde{\omega}|}|e^{i\omega t}|$$

$$= \frac{\sqrt{1 + (2\tilde{\gamma}\tilde{\omega})^2}}{\sqrt{(1 - \tilde{\omega})^2 + (2\tilde{\gamma}\tilde{\omega})^2}} \tag{3.104}$$

となる．$\tilde{\gamma}$ をパラメータとし，$\tilde{\omega}$ の関数として $M_d^{(p)}$ をプロットしたものが図 3.8(左) である．

　一方，自動車等の乗り心地として体感する量は加速度に関係していると考えられている．これを表す指標としては，加速度の振幅 $|\ddot{\tilde{z}}(t)| = \omega^2 |\tilde{z}(t)|$ と $\omega_0^2 y_0$ の比で定義される加速度振幅倍率 $M_a^{(p)}$ が用いられている．$\tilde{x}(t)$ からただちに

$$M_a^{(p)} = \frac{\tilde{\omega}^2 \sqrt{1 + (2\tilde{\gamma}\tilde{\omega})^2}}{\sqrt{(1 - \tilde{\omega})^2 + (2\tilde{\gamma}\tilde{\omega})^2}} \tag{3.105}$$

とわかる．$\tilde{\gamma}$ をパラメータとして，$M_a^{(p)}$ を $\tilde{\omega}$ の関数としてプロットしたものが図 3.8(右) である．

　実際の自動車走行においては，ここで簡単化したのとは違って速度 v は一定ではないし，路面の凸凹も単一周期 L の三角関数で書けるわけではない．したがって，良好な乗り心地を実現するためには，単一の ω のみを考慮すれよいのではなく，広範囲な ω にわたって小さな変位振幅倍率，加速度振幅倍率になるように設計する必要がある．しかしながら，今考えたような，与えられた車重 m に対して

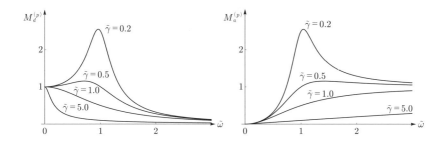

図 **3.9**   図 3.7(右) で表される能動制御での (左) 変位振幅倍率と (右) 加速度振幅倍率.

適切な k と μ を決定しようとする方法では，その実現は容易ではないことが図からわかる.

ここで，いったん自動車から離れ，図 3.7(右) のように,「天井」と路面との間で物体が走行する人工的な状況を想定する. このとき，質量 m の物体が従う微分方程式は，再び $y(t) = y_0 \cos \omega t$ として

$$m\frac{d^2x}{dt^2} = -k(x - y) - \mu\frac{dx}{dt} \tag{3.106}$$

と書ける. これを $\omega_0^2 = k/m$, $2\gamma = \mu/m$ として

$$\frac{d^2x}{dt^2} + 2\gamma\frac{dx}{dt} + \omega_0^2 x = \omega_0^2 y_0 \cos \omega t \tag{3.107}$$

と書き直す. この微分方程式の特殊解 $\tilde{x}(t)$ の振幅と y_0 の比を $M_d^{(a)}$, 加速度の振幅と $\omega_0^2 y_0$ の比を $M_a^{(a)}$ とすれば，それぞれ

$$M_d^{(a)} = \frac{1}{\sqrt{(1 - \tilde{\omega}^2)^2 + (2\tilde{\gamma}\tilde{\omega})^2}}, \tag{3.108a}$$

$$M_a^{(a)} = \frac{\tilde{\omega}^2}{\sqrt{(1 - \tilde{\omega}^2)^2 + (2\tilde{\gamma}\tilde{\omega})^2}} \tag{3.108b}$$

となる. これらを図示したものが図 3.9 である. ここから，大きめの $\tilde{\gamma}(\propto \mu)$ をとることで，広範囲の ω に対して $M_d^{(a)}$, $M_a^{(a)}$ の値が同時に抑えられることがわかる.

実際の自動車走行モデルである図 3.7(左) の要素配置においても，このような動作を実現するためには，ダッシュポットに働く力が $f_a = -\mu\dot{x}$ のように y に依

存せずに決まっている必要がある．これを実装する 1 つの方法は，アクチュエー
タを挿入し，変位 $x(t)$ を感知してそれに応じた力を決定することである．このよ
うな，状況を測定しそれに応じた戦略決定をする制御方法は能動 (active) 制御と
よばれている．それに対して，図 3.8 を導いたような制御方法は受動 (passive) 制
御とよばれる．   ◁

　これまで，系に働く外力が時間の関数として与えられている状況を考えてきた．
しかし，実際の機械系振動では，外力の詳細な関数形が明らかになっていない場
合もあり得る．このような状況下でも有効な考え方を紹介しよう．

例 3.7 質量 m の質点がばね定数 k のばねにつながれた系は，$\omega_0 = \sqrt{k/m}$ とし
て周期 $T = 2\pi/\omega_0$ の単振動を行える．静止しているこの質点に，周期 T に比べ
て十分短い時間 τ だけ外力 $F(t)$ が働くとする．このように，系に瞬間的に作用す
る力を**撃力**という．質点の運動方程式は

$$\frac{d^2x}{dt^2} + \omega_0^2 x = \frac{F(t)}{m} \tag{3.109}$$

の形に書ける．ここで右辺の撃力に対応する項は

$$\frac{F(t)}{m} \equiv \tilde{F}(t) = \begin{cases} 0 & (t < 0, \tau < t) \\ \frac{f(t)}{m} \equiv \tilde{f}(t) > 0 & (0 \le t \le \tau) \end{cases} \tag{3.110}$$

とした．$f(t)$ の時間変化が不明なまま，この非斉次 2 階線形微分方程式の解を議
論したい．斉次方程式の基本解は $y_1(t) = \cos\omega_0 t, y_2(t) = \sin\omega_0 t$ であるから，非
斉次方程式の特殊解 $\tilde{x}(t)$ は

$$\tilde{x}(t) = C_1(t)\cos\omega_0 t + C_2(t)\sin\omega_0 t \tag{3.111}$$

とおける．定数変化法を用いれば，$C_1(t), C_2(t)$ が従う微分方程式は

$$\frac{dC_1}{dt} = -\frac{1}{\omega_0}\tilde{F}(t)\sin\omega_0 t, \tag{3.112a}$$

$$\frac{dC_2}{dt} = \frac{1}{\omega_0}\tilde{F}(t)\cos\omega_0 t \tag{3.112b}$$

となる．これを $t \in [0, t]$ で積分すると

$$C_1(t) = -\frac{1}{\omega_0}\int_0^t \tilde{F}(t')\sin\omega_0 t' dt', \tag{3.113a}$$

$$C_2(t) = \frac{1}{\omega_0} \int_0^t \tilde{F}(t') \cos \omega_0 t' dt' \tag{3.113b}$$

となるから，特殊解は

$$\tilde{x}(t) = \frac{1}{\omega_0} \int_0^t \tilde{F}(t') \sin[\omega_0(t - t')]dt' \tag{3.114}$$

である．これより，非斉次線形微分方程式の一般解は任意定数を A, B として

$$x(t) = A \cos \omega_0 t + B \sin \omega_0 t + \frac{1}{\omega_0} \int_0^t \tilde{F}(t') \sin[\omega_0(t - t')]dt' \tag{3.115}$$

である．ここで，初期条件 $x(t = 0) = 0$, $\dot{x}(t = 0) = 0$ から $A = B = 0$ と決まる．$t > \tau$ である t に対しては，

$$
\begin{aligned}
x(t) &= \frac{1}{\omega_0} \int_0^\tau \tilde{f}(t') \sin[\omega_0(t - t')]dt' \\
&= \frac{1}{\omega_0} \sin \omega_0 t \int_0^\tau \tilde{f}(t') \cos \omega_0 t' dt' - \frac{1}{\omega_0} \cos \omega_0 t \int_0^\tau \tilde{f}(t') \sin \omega_0 t' dt'
\end{aligned} \tag{3.116}
$$

となる．$\tilde{f}(t) > 0$ であることから，積分の評価に平均値の定理が適用できる．これより $0 < \epsilon_c, \epsilon_s < 1$ として

$$\int_0^\tau \tilde{f}(t') \cos(\omega_0 t')dt' = \cos(\omega_0 \epsilon_c \tau) \int_0^\tau \tilde{f}(t')dt', \tag{3.117a}$$

$$\int_0^\tau f(t') \sin(\omega_0 t')dt' = \sin(\omega_0 \epsilon_s \tau) \int_0^\tau \dot{f}(t')dt' \tag{3.117b}$$

と書ける．撃力の条件 $\tau \ll T = 2\pi/\omega_0$ より $\omega_0 \tau \ll 1$ がいえるから $\cos(\omega_0 \epsilon_c \tau) \approx 1$, $\sin(\omega_0 \epsilon_s \tau) \approx 0$ と近似できる．よって力積 $I = \int_0^\tau f(t')dt'$ として，

$$x(t) \approx \frac{I}{m\omega_0} \sin \omega_0 t \tag{3.118}$$

が求める解である．　　　　　　　　　　　　　　　　　　　　　　　　　　$\triangleleft$

　この結果が意味することは何だろうか．最終的に得られた解 (3.118) は微分方程式

$$\frac{d^2 x}{dt^2} + \omega_0^2 x = 0 \tag{3.119}$$

の，初期条件 $x(t = 0) = 0$, $\dot{x}(t = 0) = I/m$ での解でもある．このことから，「静止している質点に撃力が働いた後の運動は，平衡位置から初速度 I/m で始まる単振動とみなせる」ことがわかる．

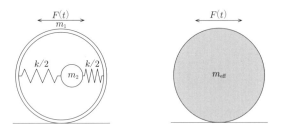

図 3.10　実効的に負の質量をもっているかのように振る舞うばね質点系.

　このように，外力の詳細が不明であっても，系の振る舞いに対して実効的な描像を得ることができた．微分方程式の厳密な解が重要であることはいうまでもないが，特に工学における系の設計や制御の場面では，このような「大づかみ」の描像をもっていることも非常に重要である.

注意 3.6　瞬間的な入力に対する応答を記述するには，Green (グリーン) 関数を用いる.　　　　　　　　　　　　　　　　　　　　　　　　　　　　　　▷

　通常の系では慣性要素を特徴づける m，復元要素を特徴づける k，さらに，減衰要素を特徴づける μ はいずれも正であると暗に仮定されている．しかし，要素を組み合わせて作った複合系では，強制振動外力に対して m や k があたかも負の値をもっているかのように振る舞わせることが可能になる場合がある．このような物質は通常では存在せず，特異な挙動が期待されることから，新たな素子開発などにつなげようとする試みも精力的に行われている.

例 3.8　図 3.10(左) を考える．質量 m_1 の球殻内に，ばね定数 $k/2$ のばね 2 本でつながれた質量 m_2 の物体がある．m_1 に外力 $F(t) = F_0 \cos \omega t$ を与えたときの振る舞いを，図 3.10(右) のように，質量 m_{eff} をもつ単独物体からの応答として解釈したい．これは，球殻が不可視であって内部の状況がうかがい知れない場合に相当するともいえる.

　物体はいずれも質点として扱えるとしよう．m_1, m_2 の位置を x_1, x_2 とすると，運動方程式は

$$m_1 \frac{d^2 x_1}{dt^2} = k(x_2 - x_1) + F(t), \tag{3.120a}$$

$$m_2 \frac{d^2 x_2}{dt^2} = -k(x_2 - x_1) \tag{3.120b}$$

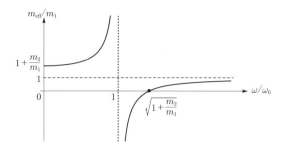

図 3.11　図 3.10(左) を図 3.10(右) と等価とみなしたときの, 実効的な質量と角振動数の関係.

である. 複素化して, $F(t) = F_0 e^{i\omega t}$ と書き, $x_1 = \hat{x}_1 e^{i\omega t}$, $x_2 = \hat{x}_2 e^{i\omega t}$ の解を仮定する. 代入すれば

$$-m_1\omega^2\hat{x}_1 = F_0 + k(\hat{x}_2 - \hat{x}_1), \tag{3.121a}$$

$$-m_2\omega^2\hat{x}_2 = -k(\hat{x}_2 - \hat{x}_1) \tag{3.121b}$$

となる. これらから $\hat{x}_2$ を消去すると, $\omega_0^2 = k/m_2$ として

$$-\left(m_1 + \frac{m_2\omega_0^2}{\omega_0^2 - \omega^2}\right)\omega^2\hat{x}_1 = F_0 \tag{3.122}$$

となる. この式は, 質量 $m_{\text{eff}} \equiv m_1 + m_2\omega_0^2/(\omega_0^2 - \omega^2)$ をもつ質点が, 外力 $F(t) = F_0 \cos\omega t$ を受けている場合の運動方程式に一致している. つまり, m_1, m_2 からなる複合系は, 外力 $F(t) = F_0 \cos\omega t$ に対して質量 m_{eff} をもつ質点であるかのように振る舞う.

m_{eff}/m_1 を ω/ω_0 の関数としてプロットしたものが図 3.11 である. 角振動数が $1 < \omega/\omega_0 < \sqrt{1 + m_2/m_1}$ を満たすとき m_{eff}/m_1 は負になっている. このことは, 系が固有にもっている m_1, m_2 に対して, この条件を満たす ω をもつ周期振動外力を与えると, 全系は**負の質量**をもっているかのように振る舞うことを意味している. ◁

例 3.9　図 3.12(左) を考える. 質量 m_1 の質点に外力 $F(t) = F_0 \cos\omega t$ が働いているときの振る舞いを, 図 3.12(右) のように, 有効ばね定数 k_{eff} をもつばねにつながった質量 m_1 の運動として捉えたい.

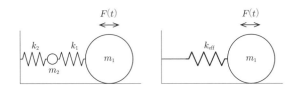

図 **3.12**　実効的に負のばね定数をもっているかのように振る舞うばね質点系.

2 つの質点の座標を x_1, x_2 とすると運動方程式は

$$m_1\frac{d^2x_1}{dt^2} = F(t) - k_1(x_1 - x_2), \tag{3.123a}$$

$$m_2\frac{d^2x_2}{dt^2} = -k_2x_2 + k_1(x_1 - x_2) \tag{3.123b}$$

と書ける. 複素化して $x_1 = \hat{x}_1 e^{i\omega t}$, $x_2 = \hat{x}_2 e^{i\omega t}$ を代入すれば

$$-m_1\omega^2\hat{x}_1 = F_0 - k_1(\hat{x}_1 - \hat{x}_2), \tag{3.124a}$$

$$-m_2\omega^2\hat{x}_2 = -k_2\hat{x}_2 + k_1(\hat{x}_1 - \hat{x}_2) \tag{3.124b}$$

となる. 式 (3.124a), 式 (3.124b) から $\hat{x}_2$ を消去すると

$$-m_1\omega^2\hat{x}_1 = -k_1\left(\frac{1 - (\omega/\omega_2)^2}{1 + k_1/k_2 - (\omega/\omega_2)^2}\right)\hat{x}_1 + F_0 \tag{3.125}$$

が得られる. ここで, $\omega_2^2 = k_2/m_2$ とした. この式は, 外力 $F(t)$ を受けている質量 m_1 の質点が, ばね定数

$$k_{\text{eff}} \equiv k_1\frac{1 - (\omega/\omega_2)^2}{1 + k_1/k_2 - (\omega/\omega_2)^2} \tag{3.126}$$

のばねにつながっていると解釈できる.

k_{eff}/k_1 を ω/ω_2 に対してプロットすると図 3.13 になる. $1 < \omega/\omega_2 < \sqrt{1 + k_1/k_2}$ で k_{eff}/k_1 が負になっている. よって, この条件を満たす ω をもつ周期振動外力に対して, 全系はあたかも**負のばね定数**をもっているかのように振る舞うと解釈できる.　　　　　　　　　　　　　　　　　　　　　　　　　　　　　　　　◁

負の質量, あるいは負のばね定数と解釈できる状況に共通することは, 外力に対する系の**感受率**が分数で与えられ, その分母のゼロ点の前後で感受率の符号が変わることである. 感受率の分母のゼロ点は, 系と外力とが**共鳴**していることを

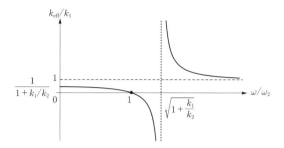

図 3.13　図 3.12(左) を図 3.12(右) と等価とみなしたときの，実効的なばね定数と角振動数の関係.

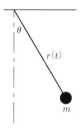

図 3.14　ひもが強制的に短くなっていく振り子. 実効的に負の粘性係数をもっていると解釈できる.

表している. この描像はほかの「物質定数」にも当てはまる. 実際, 誘電率や透磁率, あるいはポアソン比なども「見かけ上」負であるかのような系が構成できる. 共鳴状態を利用して, 本来, 正である量を負であるかのように振る舞わせる発想は, 系の設計・制御を行ううえで極めて有用である.

一方, 負の粘性係数 ($\mu < 0$) は多少事情が異なる. 通常の $\mu > 0$ のときは $\mu(dx/dt)$ は「摩擦力」であって, エネルギー散逸を意味する. したがって, $\mu < 0$ とした場合には,「エネルギー流入」を意味することになるので, 外部から正味の仕事を与える必要がある.

例 3.10　外部からの操作によってひもの長さが時間とともに短くなっていく振り子 (図 3.14) を考えよう.

質量 m の質点が長さ r のひもにつながっているとする. ひもの長さを $r(t) = r_0 - ct, (r_0, c > 0)$ で強制的に短くする. 水平方向の変位に注目すると, この系の

運動方程式は

$$m\frac{d^2}{dt^2}\left(r(t)\theta(t)\right) = m\left(r(t)\frac{d^2\theta(t)}{dt^2} + 2\frac{dr(t)}{dt}\frac{d\theta(t)}{dt}\right)$$

$$= -mg\sin\theta(t) \tag{3.127}$$

と書ける.

$r_0 \gg ct$ であるような時間領域では $r(t) \approx r_0$ と近似できる. さらに微小振動を考え $\theta \ll 1$ として, $\sin\theta \approx \theta$ とする. すると $\theta(t)$ の微分方程式は

$$\frac{d^2\theta(t)}{dt^2} - 2\frac{c}{r_0}\frac{d\theta(t)}{dt} + \frac{g}{r_0}\theta(t) = 0 \tag{3.128}$$

となる. $d\theta/dt$ の係数 $-2c/r_0$ は負であることから, $\mu < 0$ に対応していることがわかる. $\gamma = c/r_0 > 0$, $\omega_0^2 = g/r_0$ とおき, A, δ を積分定数とすれば, 一般解は,

$$\theta(t) = Ae^{\gamma t}\cos\left[\sqrt{\omega_0^2 - \gamma^2}\,t + \delta\right] \tag{3.129}$$

と書ける. 今の近似が許される範囲で, 振幅が時間とともに指数関数的に増大していくことがわかる.   ◁

4 変数係数2階線形常微分方程式

　本章及び次章では変数係数，すなわち関数を係数にもつ2階線形常微分方程式について考察する．変数係数の場合でも理工学分野における応用例は数多く，重要な式であることに変わりはない．ただし，前章までに扱ってきた求積法が適用できないため，本章では級数解法，因子分解法といった専用の解法について紹介する．

4.1 2階線形常微分方程式の性質

　前章で議論した定数係数2階線形常微分方程式 (3.56) に対し，本章では関数を係数にもつ方程式

$$\frac{d^2y}{dx^2} + P(x)\frac{dy}{dx} + Q(x)y = f(x) \tag{4.1}$$

について考察する[*1]．ここで，$P(x), Q(x), f(x)$ は x の連続関数であるとする．定数係数の場合と同様に，$f(x) \equiv 0$ である場合を斉次方程式，$f(x) \not\equiv 0$ である場合を非斉次方程式とよんでいる．

　方程式 (4.1) も理工学分野で数多く現れる重要な方程式であるが，定数係数の場合との一番の違いは求積法を適用できないことにある．当然，3.3 節で考えた，あらかじめ $y = e^{\lambda x}$ と予想して解くような手法は用いることができない．そのため，解を求める手順は複雑になるが，4.2, 4.3 節において詳しく考察する．

　また，解の関数形を得るのが難しい問題に対し，解の性質が一部でもわかっていれば問題の解析に非常に有用である．そこで本節において，方程式 (4.1) から規定される解の一般的性質をまとめておく．これらの諸性質は前章で議論した定数係数方程式 (3.56) の場合を基本的に踏襲している．

［斉次方程式 ($f(x) \equiv 0$) の場合］

(1) 重ね合せの原理

[*1]　一般に $S_1(x)y'' + P_1(x)y' + Q_1(x)y = f_1(x)$ である場合も $S_1(x)(\neq 0)$ で割って，方程式 (4.1) の形にできる ($P = P_1/S_1, Q = Q_1/S_1, f = f_1/S_1$)．

y_1 と y_2 がそれぞれ方程式 (4.1) の斉次方程式の解であれば,その線形結合

$$y = C_1 y_1 + C_2 y_2 \tag{4.2}$$

も斉次方程式の解である (C_1, C_2 は任意定数).さらにもし,y_1, y_2 が基本解であれば,式 (4.2) は斉次方程式の一般解を表す.これは,式 (3.67) で表される定数係数方程式の場合に対応する式である.

(2) ロンスキアン

方程式 (4.1) の斉次方程式の 2 つの解 y_1, y_2 に対しても,式 (3.73) で与えられるロンスキアン $W(y_1, y_2)$ が定義できる.この $W(y_1, y_2)$ に対し,式 (3.84) とまったく同じ導出方法を用いることで,式 (4.1) より

$$W'(x) = -P(x)W(x) \tag{4.3}$$

が得られる.これを積分して,式 (3.85) に対応する関係式

$$W(x) = W(x_0) \exp[-\int_{x_0}^{x} P(x)\, dx] \tag{4.4}$$

を得る [**Abel (アーベル) の公式**].この式から,1 点 x_0 で $W(y_1, y_2) = 0$ であれば,全定義域内で y_1, y_2 は 1 次従属となり,逆に 1 点 x_0 で $W(y_1, y_2) \neq 0$ であれば,全定義域内で y_1, y_2 は 1 次独立となる.これも,定数係数の場合と同様の結果である (p.81).

[非斉次方程式 ($f(x) \not\equiv 0$) の場合]

(3) (非斉次方程式に対する) 重ね合せの原理

いま,方程式 (4.1) の非斉次項を $f(x) = f_1(x)$ とした場合の特殊解を $y_1(x)$,$f(x) = f_2(x)$ とした場合の特殊解を $y_2(x)$ とする.このとき,非斉次項 $f(x) = f_1(x) + f_2(x)$ に対する特殊解は $y(x) = y_1(x) + y_2(x)$ で与えられる (p.77).

(4) 定数変化法

非斉次方程式 (4.1) の一般解は線形方程式の一般的性質 (2.64) より,斉次方程式の一般解 (4.2) に非斉次方程式の特殊解 $y_0(x)$ を加えた

$$y = C_1 y_1 + C_2 y_2 + y_0(x) \tag{4.5}$$

で表せる.もし $y_0(x)$ が未知であっても,y_1, y_2 が既知であれば $y_0(x)$ を導出できる.これは,式 (3.68), (3.72) で述べた定数変化法がそのまま方程式

(4.1) にも適用できるからである．このとき方程式 (4.1) の特殊解 $y_0(x)$ は

$$y_0(x) = -y_1 \int^x \frac{y_2 f(x)}{W} dx + y_2 \int^x \frac{y_1 f(x)}{W} dx \tag{4.6}$$

で与えられる．ここで，W は y_1, y_2 に対するロンスキアン (3.73) である．

例題 4.1 非斉次方程式

$$\frac{d^2 y}{dx^2} - \frac{2}{x}\frac{dy}{dx} + \frac{2}{x^2}y = x \tag{4.7}$$

の一般解を求めよ．ただし，斉次方程式の基本解は $y_1 = x$, $y_2 = x^2$ で与えられるとする． ◁

(解) 基本解 $y_1 = x$, $y_2 = x^2$ に対するロンスキアンは

$$W(y_1, y_2) = \begin{vmatrix} x & x^2 \\ 1 & 2x \end{vmatrix} = x^2 \tag{4.8}$$

で与えられる．これを式 (4.6) に代入して非斉次方程式の特殊解 $y_0(x)$ が

$$y_0(x) = -x \int^x x\,dx + x^2 \int^x dx = \frac{x^3}{2} \tag{4.9}$$

と得られる．したがって，非斉次方程式 (4.7) の一般解は，C_1, C_2 を任意定数として

$$y = C_1 x + C_2 x^2 + \frac{x^3}{2} \tag{4.10}$$

となる．

4.2 級 数 解 法

4.2.1 級 数 解 法 の 例

　微分方程式に対する**級数解法**とは，解が級数の形に書けると仮定して，その係数を順次決めていく方法である．求積法より適用範囲の広い手法であり，方程式 (4.1) に対する標準的な解法として広く用いられている．まず簡単な例として，次の例題を考えよう．

例題 4.2

$$\frac{d^2 y}{dx^2} = y \tag{4.11}$$

の解を級数解法を用いて求めよ.   ◁

(解) 式 (4.11) の解が級数を用いて

$$y = c_0 + c_1 x + c_2 x^2 + c_3 x^3 + c_4 x^4 + \cdots = \sum_{n=0}^{\infty} c_n x^n \tag{4.12}$$

と書けるとする. 級数解 (4.12) が項別微分可能であるとして式 (4.11) に代入すると

$$2 \cdot 1 c_2 + 3 \cdot 2 c_3 x + 4 \cdot 3 c_4 x^2 + \cdots = c_0 + c_1 x + c_2 x^2 + \cdots \tag{4.13}$$

あるいは

$$\sum_{n=0}^{\infty} (n+2)(n+1) c_{n+2} x^n = \sum_{n=0}^{\infty} c_n x^n \tag{4.14}$$

を得る. x^n の各係数を比較して, $(n+2)(n+1) c_{n+2} = c_n \ (n = 0, 1, 2, \cdots)$ が成り立つように c_n を定める. すなわち, $c_n (n \geq 2)$ は n の偶奇によって

$$c_{2m} = \frac{c_0}{(2m)!}, \quad c_{2m+1} = \frac{c_1}{(2m+1)!} \quad (m = 1, 2, \cdots) \tag{4.15}$$

と表される. これを級数解 (4.12) に代入して一般解

$$\begin{aligned} y &= c_0 (1 + \frac{1}{2!} x^2 + \frac{1}{4!} x^4 + \cdots) + c_1 (x + \frac{1}{3!} x^3 + \frac{1}{5!} x^5 + \cdots) \\ &= c_0 \cosh x + c_1 \sinh x \end{aligned} \tag{4.16}$$

が得られる. c_0, c_1 は任意定数として残る.

方程式 (4.1) の解が x の **Taylor (テイラー) 級数**で表されるための十分条件として次の事実が知られている.

定理 4.1 方程式 (4.1) において $P(x), Q(x), f(x)$ が $x = a$ で Talyor 展開可能であれば, Talyor 級数で表される式 (4.1) の解

$$y = c_0 + c_1 (x - a) + c_2 (x - a)^2 + c_3 (x - a)^3 + \cdots \tag{4.17}$$

が存在する. $x = a$ を方程式 (4.1) の**正則点**, あるいは通常点とよんでいる.

これについて次の例を考えよう.

例題 4.3 [Hermite の微分方程式] 次の微分方程式

$$\frac{d^2y}{dx^2} - 2x\frac{dy}{dx} + 2\nu\,y = 0 \tag{4.18}$$

に対し, $x=0$ 周りの解を級数解法を用いて求めよ. この方程式は **Hermite (エ ルミート) の微分方程式**とよばれている. ここで, ν はある実数とする. ◁

(解) $x=0$ は方程式 (4.18) の正則点であるので, 解が

$$y = c_0 + c_1 x + c_2 x^2 + c_3 x^3 + c_4 x^4 + \cdots = \sum_{n=0}^{\infty} c_n x^n \tag{4.19}$$

と書ける. 項別微分可能とすれば, d^2y/dx^2 と $2x\,dy/dx$ はそれぞれ

$$\frac{d^2y}{dx^2} = 2\cdot 1\,c_2 + 3\cdot 2\,c_3\,x + 4\cdot 3\,c_4\,x^2 + \cdots = \sum_{n=0}^{\infty}(n+2)(n+1)\,c_{n+2}\,x^n \tag{4.20}$$

$$2x\frac{dy}{dx} = 2(c_1 x + 2c_2 x^2 + 3c_3 x^3 + \cdots) = 2\sum_{n=0}^{\infty} nc_n x^n \tag{4.21}$$

と書けるから, 方程式 (4.18) に代入して

$$\sum_{n=0}^{\infty}[(n+2)(n+1)c_{n+2} + 2(\nu-n)c_n]x^n = 0 \tag{4.22}$$

を得る. x^n の各係数が 0 になるとして

$$c_{n+2} = \frac{-2(\nu-n)}{(n+2)(n+1)}c_n \tag{4.23}$$

から $c_n(n\geq 2)$ を決定する. まず n が偶数である場合

$$c_{2m} = \frac{(-2)^m\nu(\nu-2)\cdots(\nu-2m+2)}{(2m)!}\,c_0 \quad (m=1,2,\cdots) \tag{4.24}$$

で与えられる. 一方, n が奇数である場合は

$$c_{2m+1} = \frac{(-2)^m(\nu-1)(\nu-3)\cdots(\nu-2m+1)}{(2m+1)!}\,c_1 \quad (m=1,2,\cdots) \tag{4.25}$$

で与えられる. したがって, 式 (4.24), (4.25) を式 (4.19) に代入して, 方程式 (4.18) の一般解

$$y = c_0\{1 + \sum_{m=1}^{\infty}\frac{(-2)^m\nu(\nu-2)\cdots(\nu-2m+2)}{(2m)!}\,x^{2m}\}$$

$$+c_1\{x + \sum_{m=1}^{\infty} \frac{(-2)^m(\nu-1)(\nu-3)\cdots(\nu-2m+1)}{(2m+1)!}x^{2m+1}\} \qquad (4.26)$$

が得られる. c_0, c_1 は任意定数として残る.

解 (4.26) は任意の実数 ν に対し定義されている. もし $\nu = N$(非負の整数) である場合には, 式 (4.23) より, $c_{N+2k} = 0$ $(k = 1, 2, 3, \cdots)$ が成り立つ. したがって, N が偶数である場合は $c_1 = 0$ とすれば解 (4.26) は N 次多項式となり, また, N が奇数である場合は $c_0 = 0$ とすれば N 次多項式となる. これらの多項式解[*2]は Hermite 多項式とよばれている (例題 4.7 を参照).

4.2.2 確 定 特 異 点

方程式 (4.1) は正則点において級数解をもつことがわかった (定理 4.1). しかし, 理工学の応用上現れる微分方程式には, 係数に特異点をもつタイプのものがしばしば現れる. そこで, 定理 4.1 の特異点を含む場合への拡張を考えよう. これについて, 以下の定理が知られている.

定理 4.2 方程式 (4.1) の斉次方程式が

$$L[y] = \frac{d^2 y}{dx^2} + \frac{p(x)}{x-a}\frac{dy}{dx} + \frac{q(x)}{(x-a)^2}y = 0 \qquad (4.27)$$

の形に書けるとする. ここで, 関数 $p(x)$ と $q(x)$ が $x = a$ で Taylor 展開可能であれば, 式 (4.27) の $x = a$ 周りの級数解

$$y = (x-a)^{\lambda}[c_0 + c_1(x-a) + c_2(x-a)^2 + c_3(x-a)^3 + \cdots] \quad (c_0 \neq 0) \qquad (4.28)$$

が存在する. ここで λ は**特性指数**とよばれる定数である.

定理 4.2 は方程式 (4.27) の係数が $x = a$ で特異点をもつ場合でも, $p(x)/(x-a)$ がたかだか 1 位の極, $q(x)/(x-a)^2$ がたかだか 2 位の極であれば, $x = a$ 周りの級数解をもつことを保証している. このとき, $x = a$ を方程式 (4.27) の**確定特異点**とよぶ.

ここで, 級数解 (4.28) の導出手順についてまとめておこう. まず, $p(x)$, $q(x)$ は Taylor 展開可能であるから

[*2] 多項式解 (有限項のべき級数解) は関数形が簡単なだけでなく, 実際の応用問題にも現れる重要な解である. また, 次章で扱う境界値問題でも重要な役割を果たす (例題 5.5〜5.7 参照).

$$p(x) = \sum_{m=0}^{\infty} p_m \, (x-a)^m, \quad q(x) = \sum_{m=0}^{\infty} q_m \, (x-a)^m \tag{4.29}$$

と書けるとする．これと，級数解 (4.28) を方程式 (4.27) に代入すれば各項は

$$\frac{d^2y}{dx^2} = \sum_{n=0}^{\infty} (n+\lambda)(n+\lambda-1) \, c_n \, (x-a)^{n+\lambda-2} \tag{4.30}$$

$$\frac{p(x)}{x-a}\frac{dy}{dx} = \sum_{n=0}^{\infty} \{ \sum_{m=0}^{n} (n-m+\lambda) \, p_m \, c_{n-m} \} \, (x-a)^{n+\lambda-2} \tag{4.31}$$

$$\frac{q(x)}{(x-a)^2} y = \sum_{n=0}^{\infty} \{ \sum_{m=0}^{n} q_m \, c_{n-m} \} \, (x-a)^{n+\lambda-2} \tag{4.32}$$

と表されるので，これらをまとめると方程式 (4.27) は

$$L[y] = \sum_{n=0}^{\infty} \{ \sum_{m=0}^{n} \phi_m(n-m+\lambda) \, c_{n-m} \} \, (x-a)^{n+\lambda-2} = 0 \tag{4.33}$$

となる．ただし $\phi_m(\lambda)$ は

$$\phi_m(\lambda) = \begin{cases} \lambda(\lambda-1) + p_0\lambda + q_0 & (m=0) \\ p_m\lambda + q_m & (m=1,2,\cdots) \end{cases} \tag{4.34}$$

で与えられる．このとき，式 (4.33) において $(x-a)^{n+\lambda-2}$ の各係数が 0 になるように，順次 c_n を定めていく．まず，最低次の $(x-a)^{\lambda-2}$ の係数から $c_0 \neq 0$ を考慮すれば

$$\phi_0(\lambda) = \lambda^2 + (p_0-1)\lambda + q_0 = 0 \tag{4.35}$$

を満たさねばならない．式 (4.35) を決定方程式とよび，その解が式 (4.28) に現れる特性指数 λ である．さらに，$(x-a)^{n+\lambda-2}$ $(n=1,2,\cdots)$ に対する係数は具体的に

$$\phi_0(1+\lambda) \, c_1 + \phi_1(\lambda) \, c_0 = 0$$

$$\phi_0(2+\lambda) \, c_2 + \phi_1(1+\lambda) \, c_1 + \phi_2(\lambda) \, c_0 = 0$$

$$\cdots\cdots$$

$$\phi_0(n+\lambda) \, c_n + \phi_1(n-1+\lambda) \, c_{n-1} + \cdots\cdots + \phi_n(\lambda) \, c_0 = 0$$

$$\cdots\cdots \tag{4.36}$$

と書き下せる. ここでは, 決定方程式 (4.35) の解を λ_1, λ_2 (Re[λ_1] $\geq$ Re[λ_2]) とし, 2 つの解の差によって以下のように場合分けして考えよう.

[1] $\lambda_1 - \lambda_2 \neq 0, 1, 2, \cdots$ の場合

式 (4.36) において, もし $\phi_0(n + \lambda) \neq 0$ $(n = 1, 2, \cdots)$ であれば, 与えられた c_0 に対し式 (4.36) を満たす c_n を順次決めることができる. ここで λ_1 の定義, すなわち $\phi_0(\lambda) = 0$ の解で最大の実部をもつということから, 常に $\phi_0(n + \lambda_1) \neq 0$ が成り立つ. さらに $\lambda_1 - \lambda_2 \neq 0, 1, 2, \cdots$, であれば $\phi_0(n + \lambda_2) \neq 0$ もいえるので, 特性指数 λ_1, λ_2 に対し式 (4.36) を満たす c_n が得られ, それぞれを $c_n^{(1)}$, $c_n^{(2)}$ とする. これらを式 (4.28) に代入し, 方程式 (4.27) に対する基本解

$$y_1 = (x - a)^{\lambda_1} [c_0^{(1)} + c_1^{(1)}(x - a) + c_2^{(1)}(x - a)^2 + c_3^{(1)}(x - a)^3 + \cdots] \quad (4.37)$$

$$y_2 = (x - a)^{\lambda_2} [c_0^{(2)} + c_1^{(2)}(x - a) + c_2^{(2)}(x - a)^2 + c_3^{(2)}(x - a)^3 + \cdots] \quad (4.38)$$

を得ることができる.

例題 4.4 [Bessel の微分方程式]

$$\frac{d^2 y}{dx^2} + \frac{1}{x}\frac{dy}{dx} + \left(1 - \frac{\nu^2}{x^2}\right)y = 0 \quad (4.39)$$

の $x = 0$ 周りの解を級数解法を用いて求めよ. この方程式は **Bessel (ベッセル) の微分方程式**とよばれている. ここで, ν は正の実数 (非整数) であるとする. ◁

(解) 式 (4.39) を式 (4.27) と比較すれば, $a = 0$, $p(x) = 1$, $q(x) = -\nu^2 + x^2$ の場合に相当することがわかる. そのため $x = 0$ は確定特異点であり, 解が

$$y = x^{\lambda}(c_0 + c_1 x + c_2 x^2 + c_3 x^3 + \cdots) = \sum_{n=0}^{\infty} c_n x^{n+\lambda} \quad (c_0 \neq 0) \quad (4.40)$$

と書けるとしてよい. 式 (4.39) に対する決定方程式 (4.35) は, $p_0 = 1$, $q_0 = -\nu^2$ より

$$\phi_0(\lambda) = \lambda^2 - \nu^2 = 0 \quad (4.41)$$

となるから, 特性指数は $\lambda_1 = \nu$, $\lambda_2 = -\nu$ である. また, 式 (4.34) で与えられる $\phi_m(\lambda)$ $(m = 1, 2, \cdots)$ は $m = 2$ のときのみ $\phi_2(\lambda) = 1$ で, その他は 0 となる.

特性指数が $\lambda_1 = \nu$ のとき, c_n を決める漸化式 (4.36) から, $c_1 = 0$ かつ

$$c_n = -\frac{c_{n-2}}{\phi_0(n + \lambda_1)} = -\frac{c_{n-2}}{n(n + 2\nu)} \quad (n = 2, 3, 4, \cdots) \quad (4.42)$$

なる関係が成り立つ. これから, 奇数番目の c_n は 0 となり, 偶数番目の c_n は

$$c_{2m} = \frac{(-1)^m}{2^{2m} m! (\nu+1)(\nu+2) \cdots (\nu+m)} c_0 \quad (m = 1, 2, \cdots) \tag{4.43}$$

と表される. 式 (4.43) を式 (4.40) に代入して, λ_1 に対応する解

$$y_1 = c_0 x^\nu \left(1 - \frac{x^2}{2^2(\nu+1)} + \frac{x^4}{2^4 2! (\nu+1)(\nu+2)} - \cdots \right) \tag{4.44}$$

を得る. 解 (4.44) において, $c_0 = 1/[2^\nu \Gamma(\nu+1)]$ と選んだものを $J_\nu(x)$ と表記し ν 次の **Bessel (ベッセル) 関数**

$$J_\nu(x) = \sum_{m=0}^{\infty} \frac{(-1)^m}{m! \Gamma(m+\nu+1)} \left(\frac{x}{2} \right)^{\nu+2m} \tag{4.45}$$

とよんでいる. ここで, $\Gamma(\nu)$ はガンマ関数で, $\Gamma(\nu+1) = \nu\Gamma(\nu)$, $\Gamma(1) = 1$ 等の性質をもつ関数である. また, 非負整数 ℓ に対して, $\Gamma(\ell+1) = \ell!$ となる.

もう 1 つの特性指数は $\lambda_2 = -\nu$ であるが, 同じ手順によって解

$$J_{-\nu}(x) = \sum_{m=0}^{\infty} \frac{(-1)^m}{m! \Gamma(m-\nu+1)} \left(\frac{x}{2} \right)^{-\nu+2m} \tag{4.46}$$

を得る. ν が整数でなければ, $J_{-\nu}(x)$ は $J_\nu(x)$ とは独立な解を与えることがわかっているので

$$y = C_1 J_\nu(x) + C_2 J_{-\nu}(x) \tag{4.47}$$

が方程式 (4.39) の一般解を与える. ここで, C_1, C_2 は任意定数である.

[2] $\lambda_1 - \lambda_2 = 0, 1, 2, \cdots$ の場合 (Frobenius の方法)

[1] で述べたように, 特性指数 λ_1 (Re$[\lambda_1] \geq$ Re$[\lambda_2]$) に対する解 (4.37) は常に存在する. 一方, $\lambda_1 - \lambda_2 = 0$ である場合には, 式 (4.38) は式 (4.37) と同じ解を与える. また, $\lambda_1 - \lambda_2 = 1, 2, \cdots$ である場合には式 (4.36) の中に $\phi_0(n+\lambda_2) = 0$ となる項が現れ, 一般には λ_2 に対する解が得られない.

このため, **Frobenius (フロベニウス) の方法**を用いて, λ_2 に対する解を求めることにする. この手法ではまず, λ を決定方程式の解ではなく単なるパラメータとみなし, 漸化式 (4.36) を満たすように c_n を定めていく. 具体的には

$$c_1(\lambda) = -c_0 \frac{\phi_1(\lambda)}{\phi_0(1+\lambda)}, \quad c_2(\lambda) = c_0 \frac{\phi_1(1+\lambda)\phi_1(\lambda) - \phi_0(1+\lambda)\phi_2(\lambda)}{\phi_0(1+\lambda)\phi_0(2+\lambda)},$$

$$\cdots\cdots \tag{4.48}$$

と与える. こうして得られた $c_n(\lambda)$ を係数とする級数解 (4.28) を $y(\lambda)$ とし, 方程式 (4.27) に代入すれば, $(x-a)^{n+\lambda-2}$ $(n \geq 1)$ の係数が消えるので

$$L[y(\lambda)] = c_0\phi_0(\lambda)(x - a)^{\lambda-2} \tag{4.49}$$

が得られる.

まず，$\lambda_1 - \lambda_2 = 0$ となる場合を考える．このとき，式 (4.49) が

$$L[y(\lambda)] = c_0(\lambda - \lambda_1)^2(x - a)^{\lambda-2} \tag{4.50}$$

となることから

$$\frac{\partial}{\partial\lambda}L[y(\lambda)]\Big|_{\lambda=\lambda_1} = L\Big[\frac{\partial y(\lambda)}{\partial\lambda}\Big|_{\lambda=\lambda_1}\Big] = 0 \tag{4.51}$$

が成り立つ．これから，式 (4.37) で与えられる y_1 とは独立な解

$$y_2 = \frac{\partial y(\lambda)}{\partial\lambda}\Big|_{\lambda=\lambda_1} = \sum_{n=0}^{\infty}\Big\{\frac{\partial(x-a)^{n+\lambda}}{\partial\lambda}c_n(\lambda) + (x-a)^{n+\lambda}\frac{\partial c_n(\lambda)}{\partial\lambda}\Big\}\Big|_{\lambda=\lambda_1}$$

$$= y_1\log(x-a) + \sum_{n=0}^{\infty}\frac{\partial c_n(\lambda)}{\partial\lambda}\Big|_{\lambda=\lambda_1}(x-a)^{n+\lambda_1} \tag{4.52}$$

が得られる.

次に，$\lambda_1 - \lambda_2 = N\,(N = 1, 2, \cdots)$ となる場合について考えよう．式 (4.48) より，$c_n(\lambda)$ は $c_0/\{\phi_0(1+\lambda)\cdots\phi_0(n+\lambda)\}$ に比例することがわかる．もし，$1 \leq n \leq N-1$ であれば，$c_n(\lambda)$ の分母に含まれる $\phi_0(m+\lambda)$ はすべて $\lambda=\lambda_2$ で非零となるので，$\lim_{\lambda\to\lambda_2} c_n(\lambda)$ は有限に留まる．一方 $n \geq N$ のとき，$c_n(\lambda)$ の分母には $\phi_0(N+\lambda)$ が含まれるが，$\phi_0(N+\lambda_2) = \phi_0(\lambda_1) = 0$ であるため，$\lim_{\lambda\to\lambda_2} c_n(\lambda)$ は一般に発散する．そこで，$(\lambda-\lambda_2)c_n(\lambda)$ に対する極限を考えれば

$$\lim_{\lambda\to\lambda_2}[(\lambda-\lambda_2)c_n(\lambda)] = \begin{cases} 0 & (0 \leq n \leq N-1) \\ \alpha\,c_{n-N}(\lambda_1) & (N \leq n) \end{cases} \tag{4.53}$$

であることがわかる．ここで，$\alpha = (\lambda-\lambda_2)c_N(\lambda)\Big|_{\lambda=\lambda_2}/c_0$ である．式 (4.49) より

$$L[(\lambda-\lambda_2)y(\lambda)] = c_0(\lambda-\lambda_1)(\lambda-\lambda_2)^2(x-a)^{\lambda-2} \tag{4.54}$$

となるため

$$\frac{\partial}{\partial\lambda}L[(\lambda-\lambda_2)y(\lambda)]\Big|_{\lambda=\lambda_2} = L\Big[\frac{\partial}{\partial\lambda}(\lambda-\lambda_2)y(\lambda)\Big|_{\lambda=\lambda_2}\Big] = 0 \tag{4.55}$$

が成り立つ．このことから，y_1 とは異なる解として

$$y_2 = \frac{\partial}{\partial \lambda}(\lambda - \lambda_2)y(\lambda)\Big|_{\lambda=\lambda_2} = \sum_{n=0}^{\infty}\Big\{\frac{\partial(x-a)^{n+\lambda}}{\partial \lambda}(\lambda-\lambda_2)c_n(\lambda)$$

$$+ (x-a)^{n+\lambda}\frac{\partial}{\partial \lambda}(\lambda-\lambda_2)c_n(\lambda)\Big\}\Big|_{\lambda=\lambda_2}$$

$$= \alpha y_1 \log(x-a) + \sum_{n=0}^{\infty}\frac{\partial(\lambda-\lambda_2)c_n(\lambda)}{\partial \lambda}\Big|_{\lambda=\lambda_2}(x-a)^{n+\lambda_2} \qquad (4.56)$$

が得られる.

例題 4.5 Bessel の微分方程式 (4.39) において ν が非負整数であるとき, Frobenius の方法を用いて基本解を求めよ. ◁

(解) 方程式 (4.39) において $\nu = 0, 1, 2, \cdots (=\ell)$ とすれば, 決定方程式 (4.41) から特性指数は $\lambda_1 = \ell$, $\lambda_2 = -\ell$ となる. λ_1 に対する解 y_1 は式 (4.44), (4.45) から, ℓ 次の Bessel 関数

$$J_\ell(x) = \sum_{m=0}^{\infty}\frac{(-1)^m}{m!(m+\ell)!}\Big(\frac{x}{2}\Big)^{\ell+2m} \qquad (\ell = 0,1,2,\cdots) \qquad (4.57)$$

を用いて

$$y_1 = c_0\, 2^\ell \ell!\, J_\ell(x) \qquad (4.58)$$

と与えられる. また, 非負整数 ℓ に対して, $J_{\ell}(x) = (-1)^\ell J_\ell(x)$ なる関係があるため, $J_{-\ell}(x)$ は独立な解を与えない.

そこで, 特性指数 $\lambda_2 = -\ell$ に対する解 y_2 を Frobenius の方法を用いて求めよう. 例題 4.4 で述べたように, 式 (4.34) で与えられる $\phi_m(\lambda)\,(m=0,1,2,\cdots)$ は $\phi_0(\lambda) = \lambda^2 - \ell^2$, $\phi_2(\lambda) = 1$ 以外は 0 である. そこで, $c_1(\lambda) = 0$ かつ

$$c_n(\lambda) = -\frac{c_{n-2}(\lambda)}{\phi_0(n+\lambda)} \quad (n = 2,3,4,\cdots) \qquad (4.59)$$

とすれば, 漸化式 (4.36) を満たすことがわかる. これから, 奇数番目の $c_n(\lambda)$ は 0 で, 偶数番目の $c_n(\lambda)$ は

$$c_{2m}(\lambda) = \frac{(-1)^m c_0}{(2m+\lambda+\ell)(2m+\lambda-\ell)\cdots(2+\lambda+\ell)(2+\lambda-\ell)} \quad (m=1,2,\cdots) \qquad (4.60)$$

で与えられる.

[$\ell = 0$ の場合]

式 (4.60) において $\ell = 0$ とした式から

$$\frac{\partial c_{2m}(\lambda)}{\partial \lambda}\Big|_{\lambda=0} = \frac{(-1)^{m+1}c_0}{2^{2m}(m!)^2}\Big(1+\frac{1}{2}+\cdots+\frac{1}{m}\Big) \tag{4.61}$$

という関係式を得る. よって, 式 (4.52) に式 (4.58), (4.61) を代入して

$$y_2 = c_0\Big\{J_0(x)\log x - \sum_{m=1}^{\infty}\frac{(-1)^m}{(m!)^2}\varphi(m)\Big(\frac{x}{2}\Big)^{2m}\Big\} \ (= c_0\, y_{20}(x)) \tag{4.62}$$

が得られる. ここで

$$\varphi(m) = 1 + \frac{1}{2} + \cdots + \frac{1}{m} \quad (\,\varphi(0) = 0\,) \tag{4.63}$$

という記号を用いている. したがって, $J_0(x)$ と $y_{20}(x)$ が方程式 (4.39) ($\nu = 0$) の基本解を与える.

[$\ell = 1, 2, \cdots$ の場合]

$\lambda_1 - \lambda_2 = 2\ell$ であるから, 式 (4.56) の α は式 (4.60) より

$$\alpha = \frac{1}{c_0}(\lambda - \lambda_2)c_{2\ell}(\lambda)\Big|_{\lambda=\lambda_2} = \frac{-2}{2^{2\ell}\ell!(\ell-1)!} \tag{4.64}$$

で与えられる. また, 式 (4.60) より

$$\frac{\partial(\lambda-\lambda_2)c_{2m}(\lambda)}{\partial \lambda}\Big|_{\lambda=\lambda_2} = \begin{cases} \dfrac{(\ell-1-m)!\,c_0}{2^{2m}m!(\ell-1)!} & (0 \le m \le \ell-1) \\[4mm] \dfrac{(-1)^{m-\ell}c_0}{2^{2m}m!(m-\ell)!(\ell-1)!}\{\varphi(m)-\varphi(\ell-1)+\varphi(m-\ell)\} \\[2mm] \hspace{5cm} (m \ge \ell) \end{cases} \tag{4.65}$$

と計算できる. これらの結果と式 (4.58) を式 (4.56) に代入して, $\ell = 1, 2, \cdots$ である場合の y_2 が

$$y_2 = \beta\{y_{2\ell}(x) - \varphi(\ell-1)J_\ell(x)\} \tag{4.66}$$

$$y_{2\ell}(x) = -2J_\ell(x)\log x + \sum_{m=0}^{\ell-1}\frac{(\ell-1-m)!}{m!}\Big(\frac{x}{2}\Big)^{2m-\ell}$$
$$+ \sum_{m=0}^{\infty}\frac{(-1)^m\{\varphi(m+\ell)+\varphi(m)\}}{m!(m+\ell)!}\Big(\frac{x}{2}\Big)^{2m+\ell} \tag{4.67}$$

と与えられる. ここで, $\beta = c_0/2^\ell(\ell-1)!$ かつ $\alpha\, y_1 = -2\beta J_\ell(x)$ という関係を用いた. したがって, この場合は $J_\ell(x)$ と $y_{2\ell}(x)$ が方程式 (4.39) ($\nu = \ell$) の基本解を与える.

4.3 因子分解法

4.3.1 因数分解できる場合

　前節の議論から，変数係数微分方程式 (4.1) の正則点，あるいは確定特異点周りの解は級数解法で得られることがわかった．解を級数表示して解くという方針は明解ではあるものの，いくつかの例題で見たように実際に解を得るために必要な計算手順は求積法に比べ増大することが多い．

　これに対し，方程式内のパラメータがある決まった値 (整数) を取るときに限って，解が求積法で求められるという問題が数多く知られている．その解法をまとめたものが**因子分解法**で，2 階微分演算子の因数分解を基礎とする手法である．適用範囲は限られるものの，偏微分方程式を解く際に現れる関数 (特殊関数) の多くがこれに該当するため，実用的に重要な手法である．また直観的にもわかりやすい．

　そこで，本節では整数 n に依存する関数 $P_n(x), Q_n(x)$ と関数 $S(x)\ (\neq 0)$ を係数とする 2 階線形常微分方程式

$$L_n[y] = S(x)\frac{d^2y}{dx^2} + P_n(x)\frac{dy}{dx} + Q_n(x)y = 0 \tag{4.68}$$

を因子分解法で解く手法について紹介しよう．本項では L_n が完全に因数分解できる場合について考え，次項で一般の因子分解法について解説する．まず，一つの例を考えよう．

例題 4.6　次の 2 階線形常微分方程式に対し，微分演算子を形式的に因数分解することで解を求めよ (式 (4.18) [Hermite の微分方程式] で $\nu = 0$ の場合)．

$$\frac{d^2y}{dx^2} - 2x\frac{dy}{dx} = 0 \tag{4.69}$$

$$\triangleleft$$

(解)　式 (4.69) は形式的に

$$\frac{d^2y}{dx^2} - 2x\frac{dy}{dx} = \left(\frac{d}{dx} - 2x\right)\frac{d}{dx}y = 0 \tag{4.70}$$

と因数分解した形に書くことができる．演算子の恒等式として

$$\frac{d}{dx} - 2x = \mathrm{e}^{x^2}\frac{d}{dx}\mathrm{e}^{-x^2} \tag{4.71}$$

が成り立つから，方程式 (4.70) は

$$e^{x^2} \frac{d}{dx} \{ e^{-x^2} \frac{d}{dx} y \} = 0 \tag{4.72}$$

と書き直せる．これを 2 度積分すれば一般解

$$y = C_1 + C_2 \int e^{x^2} dx \tag{4.73}$$

が得られる．ここで C_1, C_2 は任意定数である．

この例題のように，式 (4.68) の L_n が $n = N$(ある整数) のとき，1 階微分演算子の積

$$L_N = [a(x) \frac{d}{dx} + b(x)] [c(x) \frac{d}{dx} + d(x)] \tag{4.74}$$

に因数分解できたとする $(a(x) c(x) \neq 0)$．このとき，y に対する 2 階線形常微分方程式 $L_N[y] = 0$ は，式 (4.71) と同様の演算子の恒等式

$$a(x) \frac{d}{dx} + b(x) = a(x) T(x)^{-1} \frac{d}{dx} T(x), \quad (T(x) = \exp \left[\int \frac{b(x)}{a(x)} \, dx \right]) \tag{4.75}$$

$$c(x) \frac{d}{dx} + d(x) = c(x) U(x)^{-1} \frac{d}{dx} U(x), \quad (U(x) = \exp \left[\int \frac{d(x)}{c(x)} \, dx \right]) \tag{4.76}$$

を考慮すれば，

$$a(x) T(x)^{-1} \frac{d}{dx} \left[T(x) c(x) U(x)^{-1} \frac{d}{dx} \{ U(x) y \} \right] = 0 \tag{4.77}$$

と書き直せる．これを 2 度積分すれば一般解

$$y = C_1 U(x)^{-1} + C_2 U(x)^{-1} \int U(x) c(x)^{-1} T(x)^{-1} dx \tag{4.78}$$

が得られる．ここで C_1, C_2 は任意定数である．

4.3.2 因子分解法

前項で得られた解 (4.78) から出発し，上昇演算子 (あるいは下降演算子) とよばれる演算子を順次作用させることで解を得る手法が因子分解法である．

方程式 (4.68) を因子分解法で解く手順を与えよう．まず，方程式 (4.68) の演算子 L_n が次の条件 (i), (ii) を満たすとする．

(i) 演算子 L_n に対し

$$\mu(x)L_n = A_nB_n + \lambda_n = B_{n+1}A_{n+1} + \lambda_{n+1} \tag{4.79}$$

なる関係を満たす演算子 A_n, B_n が存在すると仮定する[*3]. すなわち

$$A_n = a(x)\frac{d}{dx} + b_n(x), \quad B_n = c(x)\frac{d}{dx} + d_n(x) \tag{4.82}$$

に対して，関係式 (4.79) を満たす関数 $a(x)$, $b_n(x)$, $c(x)$, $d_n(x)$, $\mu(x)(\neq 0)$ と
パラメータ λ_n の存在を仮定する. この条件を満たす演算子 A_n, B_n が存在
するとき，A_n を上昇演算子 (上り演算子)，B_n を下降演算子 (下り演算子) と
よぶことにする.

(ii) ある整数 N に対し，$\lambda_N = 0$ が成り立つとする.

このとき，解法の手順は以下のように与えられる.

(1) 簡単のため，$N = 0$ である場合を例にとって考える. すなわち，$\lambda_0 = 0$ とする.
このとき，式 (4.79) において $n = 0$ とすれば，$\mu(x)L_0 = A_0B_0$ となるため

$$A_0B_0y = 0 \tag{4.83}$$

が $L_0[y] = 0$ の解を与える. 前項の手法を用いて式 (4.83) を解けば，解は式
(4.78) の形で与えられる. この解を y_0 とする.

(2) 式 (4.79) の左側から A_{n+1} を作用させれば

$$A_{n+1}\mu(x)L_n = (A_{n+1}B_{n+1} + \lambda_{n+1})A_{n+1} = \mu(x)L_{n+1}A_{n+1} \tag{4.84}$$

という関係が成り立っている. ここで，$n = 0$ として y_0 に作用させれば

$$A_1\mu(x)L_0[y_0] = \mu(x)L_1[A_1y_0] = 0 \tag{4.85}$$

となる. すなわち，A_1y_0 は $L_1[y] = 0$ の解になっているので，$y_1 = A_1y_0$ と
定義する.

---

*3 式 (4.79) では暗に演算子 A_n, B_n に対し y_n が

$$A_{n+1}y_n = \alpha_{n+1}\,y_{n+1} \tag{4.80}$$
$$B_ny_n = \beta_n\,y_{n-1} \tag{4.81}$$

なる関係を満たすことを仮定している. この関係式から L_n に対する条件式 (4.79) が自然に導
かれる. ここで，α_n, β_n はパラメータで $\lambda_n = -\alpha_n\beta_n$ の関係があるとする.

(3) この手順を繰り返し

$$y_n = A_n A_{n-1} \cdots A_1 y_0 \tag{4.86}$$

と定義すれば，$L_n[y_n] = 0$ を満たす $y_n (n = 0, 1, \cdots)$ が得られる．

条件 (i) はかなり厳しい条件に見えるが，以下の例題で見るようにこれを満たす方程式も数多く存在する．

例題 4.7 例題 4.3 で考察した Hermite の微分方程式

$$L_n[y] = \frac{d^2 y}{dx^2} - 2x\frac{dy}{dx} + 2\nu_n y = 0 \tag{4.87}$$

に対し，因子分解法を用いて $n = 0, 1, 2, \cdots$ に対する解を与えよう．ここで，ν_n は n に依存するパラメータとする． ◁

(解) 式 (4.70) より，A_n, B_n は n に依らず共通で

$$A_n = -\frac{d}{dx} + 2x, \quad B_n = \frac{d}{dx} \tag{4.88}$$

とおけば

$$A_n B_n + \lambda_n = -\frac{d^2}{dx^2} + 2x\frac{d}{dx} + \lambda_n \tag{4.89}$$

となる．一方

$$B_{n+1}A_{n+1} + \lambda_{n+1} = -\frac{d^2}{dx^2} + 2x\frac{d}{dx} + 2 + \lambda_{n+1} \tag{4.90}$$

となるので，式 (4.79) を満たすために $\lambda_n = \lambda_{n+1} + 2$ が成り立たたねばならない．よって，$\lambda_n = -2n$ であるとする ($\lambda_0 = 0$)．また，$\mu(x) = -1$，$\nu_n = n$ と選べば式 (4.79) が成立する．したがって，方程式 (4.87) の一般解 y_n は上に述べた解法の手順を用いて，式 (4.73), (4.86), (4.88) より

$$y_n = (-1)^n (\frac{d}{dx} - 2x)^n \{ C_1 + C_2 \int e^{x^2} dx \} \quad (n = 0, 1, 2, \cdots) \tag{4.91}$$

で与えられる．

もし，式 (4.91) で $C_2 = 0$ とすれば，y_n は x の多項式解となる．ここで，$C_1 = 1$ と選んだ多項式解 y_n を **Hermite (エルミート) 多項式**とよんでいる．n 番目の Hermite 多項式 $H_n(x)$ は，式 (4.71) を利用して

$$H_n(x) = (-1)^n (\frac{d}{dx} - 2x)^n = (-1)^n e^{x^2} \frac{d^n}{dx^n} e^{-x^2} \tag{4.92}$$

で与えられる．最初の数項は

$$H_0(x) = 1, \quad H_1(x) = 2x, \quad H_2(x) = 4x^2 - 2, \quad H_3(x) = 8x^3 - 12x, \quad \cdots \quad (4.93)$$

である．また，$H_n(x)$ に演算子 A_n, B_n を作用させれば

$$A_{n+1}H_n(x) = H_{n+1}(x), \quad B_n H_n(x) = 2nH_{n-1}(x) \quad (4.94)$$

となることが示せる．

例題 4.8 [Legendre の微分方程式]

$$L_n[y] = (1 - x^2)\frac{d^2 y}{dx^2} - 2x\frac{dy}{dx} + \nu_n y = 0 \quad (4.95)$$

は **Legendre (ルジャンドル) の微分方程式**とよばれている．ν_n は n に依存する
パラメータとする．因子分解法を用いて $n = 0, 1, 2, \cdots$ に対する解を与えよう．◁

(解) 天下り的ではあるが，式 (4.95) に対し

$$A_n = (1 - x^2)\frac{d}{dx} - nx, \quad B_n = (1 - x^2)\frac{d}{dx} + nx \quad (4.96)$$

とすれば

$$A_n B_n = (1 - x^2)^2 \frac{d^2}{dx^2} - 2x(1 - x^2)\frac{d}{dx} + (1 - x^2)(n^2 + n) - n^2 \quad (4.97)$$

が成り立つ．一方

$$B_{n+1} A_{n+1} = (1 - x^2)^2 \frac{d^2}{dx^2} - 2x(1 - x^2)\frac{d}{dx} + (1 - x^2)(n^2 + n) - (n+1)^2 \quad (4.98)$$

となるから，$\mu(x) = 1 - x^2$, $\lambda_n = n^2$ と選べばこの A_n, B_n に対し式 (4.79) が成り
立つ．このとき，式 (4.95) 中のパラメータ ν_n は，$\nu_n = n(n+1)$ で与えられる．
　上に述べた解法の手順を用いて方程式 (4.95) の解を与えるため，まず $n = 0$ の
場合 $(\lambda_0 = 0)$

$$(1 - x^2)L_0[y_0] = A_0 B_0 y_0 = (1 - x^2)\frac{d}{dx}\left\{(1 - x^2)\frac{dy_0}{dx}\right\} = 0 \quad (4.99)$$

を解いて

$$y_0 = C_1 + C_2 \log\frac{|x + 1|}{|x - 1|} \quad (4.100)$$

を得る．C_1 と C_2 は任意定数である．この y_0 と式 (4.86), (4.96) から方程式 (4.95)

の解

$$y_n = A_n \cdots A_1 \left(C_1 + C_2 \log \frac{|x+1|}{|x-1|} \right) \quad (n = 0, 1, 2, \cdots) \tag{4.101}$$

が得られる.

もし, 式 (4.101) で $C_2 = 0$ とすれば y_n は多項式解となり, それを **Legendre** **(ルジャンドル) 多項式**とよんでいる. n 番目の Legendre 多項式 $P_n(x)$ は, $C_1 = (-1)^n/n!$ として

$$P_n(x) = \frac{1}{2^n n!} \frac{d^n}{dx^n} (x^2 - 1)^n \quad (n = 0, 1, 2, \cdots) \tag{4.102}$$

で与えられる. 実際, 演算子 A_n, B_n に対し

$$A_{n+1} P_n(x) = -(n+1) P_{n+1}(x), \quad B_n P_n(x) = n P_{n-1}(x) \tag{4.103}$$

となるので, 式 (4.101) による表記と式 (4.102) は一致することが示せる. $P_n(x)$ の最初の数項は

$$P_0(x) = 1, \ P_1(x) = x, \ P_2(x) = \frac{3}{2}x^2 - \frac{1}{2}, \ P_3(x) = \frac{5}{2}x^3 - \frac{3}{2}x, \ \cdots \tag{4.104}$$

で与えられる.

例題 4.9 [水素原子]

$$L_\ell[y] = \frac{d^2 y}{dx^2} + \frac{2}{x}\frac{dy}{dx} + \left\{ \frac{2}{x} - \frac{\ell(\ell+1)}{x^2} + 2\epsilon_N \right\} y = 0 \tag{4.105}$$

は量子力学において水素原子の電子軌道 (動径方向) を記述する方程式である. ϵ_N は自然数 N に依存する実定数とする. 因子分解法を用いて $\ell = 0, 1, \cdots, N-1$ に対する解を与えよう. ◁

(解) 式 (4.105) に対し

$$A_\ell = \frac{d}{dx} + \frac{1}{\ell} + \frac{1-\ell}{x} \quad \left(= x^{\ell-1} e^{-x/\ell} \frac{d}{dx} x^{-\ell+1} e^{x/\ell} \right) \tag{4.106}$$

$$B_\ell = \frac{d}{dx} - \frac{1}{\ell} + \frac{1+\ell}{x} \quad \left(= x^{-\ell-1} e^{x/\ell} \frac{d}{dx} x^{\ell+1} e^{-x/\ell} \right) \tag{4.107}$$

とすれば

$$A_\ell B_\ell = \frac{d^2}{dx^2} + \frac{2}{x}\frac{d}{dx} + \frac{2}{x} - \frac{1}{\ell^2} - \frac{\ell(\ell+1)}{x^2} \tag{4.108}$$

が成り立つ. 一方

$$B_{\ell+1}A_{\ell+1} = \frac{d^2}{dx^2} + \frac{2}{x}\frac{d}{dx} + \frac{2}{x} - \frac{1}{(\ell+1)^2} - \frac{\ell(\ell+1)}{x^2} \qquad (4.109)$$

となるから, $\mu(x)=1$, $\lambda_\ell = 1/\ell^2 + 2\epsilon_N$ ととれば式 (4.79) が成り立つことがわかる.

ここでは式 (4.106), (4.107) において $\ell=0$ とできないことから, ある自然数 N に対し $\lambda_N = 0$ が成り立つとして, $\ell=N$ から下り順に解を決めていくとする[*4]. まず, $\lambda_N = 0$ を満たすように $\epsilon_N = -1/(2N^2)$ と選ぶ. このとき, 式 (4.79) で $n=N-1$ とすれば $L_{N-1} = A_{N-1}B_{N-1} + \lambda_{N-1} = B_N A_N$ となることから, 式 (4.105) で $\ell=N-1$ とした式は

$$L_{N-1}[y] = B_N A_N y = x^{-N-1}e^{x/N}\frac{d}{dx}\{x^{2N}e^{-2x/N}\frac{d}{dx}(x^{-N+1}e^{x/N}y)\} = 0 \qquad (4.110)$$

と書けることがわかる. ここで, 式 (4.106), (4.107) を用いた. これを解いて

$$y_{N-1}(x) = C_1\,x^{N-1}e^{-x/N} + C_2\,x^{N-1}e^{-x/N}\int x^{-2N}e^{2x/N}dx \qquad (4.111)$$

が得られる. C_1 と C_2 は任意定数である.

いま, 式 (4.79) の右側から B_{n+1} を作用させた関係式

$$\mu(x)L_n B_{n+1} = B_{n+1}(A_{n+1}B_{n+1} + \lambda_{n+1}) = B_{n+1}\mu(x)L_{n+1} \qquad (4.112)$$

において $n=N-2$ とし, $y_{N-1}(x)$ に作用させれば

$$\mu(x)L_{N-2}[B_{N-1}y_{N-1}(x)] = B_{N-1}\mu(x)L_{N-1}[y_{N-1}(x)] = 0 \qquad (4.113)$$

が成り立つ. したがって, $y_{N-2}(x) = B_{N-1}y_{N-1}(x)$ と定義する. この手順を繰り返し, $L_\ell[y] = 0$ の解

$$y_\ell(x) = B_{\ell+1}\cdots B_{N-2}B_{N-1}y_{N-1}(x) \qquad (0 \le \ell \le N-1) \qquad (4.114)$$

を得る.

電子の束縛状態を扱う問題ではその物理的要請から, 解 (4.114) が, $\lim_{x\to\infty} y_\ell(x)=0$ かつ $\lim_{x\to0} y_\ell(x)=$ 有限, という境界条件を満たす必要がある. そのためには, 式 (4.111) で $C_2 = 0$ と選べばよい. 実際 $C_1 = 1$ と選んだときの解の具体形は

[*4]　ここでは, $\ell=N$ から下り順に解を構成したが, この N から上り順に解を構成すると, 物理的な条件 (束縛状態) に適合しない解が得られる.

$y_\ell(x) = y_\ell^{(N)}(x)$ と書いて N を明示すると $(N \leq 3)$

$$y_0^{(1)}(x) = e^{-x}, \; y_1^{(2)}(x) = xe^{-x/2}, \; y_0^{(2)}(x) = 3(1 - \frac{x}{2})e^{-x/2}, \; y_2^{(3)}(x) = x^2 e^{-x/3},$$

$$y_1^{(3)} = 5x(1 - \frac{x}{6})e^{-x/3}, \; y_0^{(3)} = 5(3 - 2x + \frac{2x^2}{9})e^{-x/3} \tag{4.115}$$

となっている.

注意 4.1 例題 4.9 において $C_2 = 0$ として得られた解 $y_\ell^{(N)}(x)$ は $e^{-x/N} x^\ell \times (x$ の多項式$)$ の形に書けるが, この多項式部分は **Laguerre (ラゲール) の陪多項式**として知られている. $y_\ell^{(N)}(x) = e^{-x/N} x^\ell u(2x/N)$ とおいて, 方程式 (4.105) に代入すれば, u に対する方程式

$$z\frac{d^2 u}{dz^2} + (m + 1 - z)\frac{du}{dz} + (n - m)u = 0 \tag{4.116}$$

を得る. ここで, $z = 2x/N, m = 2\ell + 1, n = N + \ell$ である. 式 (4.116) は **Laguerre (ラゲール) の陪微分方程式**(本教程『複素関数論 II』p.129 式 (8.25)) とよばれ, この方程式に対応する上り, および下り演算子は

$$A_n = z\frac{d}{dz} + n - z, \quad B_n = z\frac{d}{dz} - (n - m) \tag{4.117}$$

で与えられる. また $\mu(z) = z$, $\lambda_n = n(n - m)$ である. これから, 式 (4.116) の多項式解

$$L_n^m(z) = (-1)^m \frac{n!}{(n-m)!} e^z z^{-m} \frac{d^{n-m}}{dz^{n-m}}(e^{-z} z^n) \tag{4.118}$$

すなわち, Laguerre の陪多項式 (本教程『複素関数論 II』p.129 式 (8.26)) が得られる.   ◁

5 Sturm–Liouville 型微分方程式の境界値問題

初期条件を与えて微分方程式を解く問題を初期値問題とよぶが，境界での値 (境界条件) を設定して微分方程式を解く問題を境界値問題とよんでいる．また，方程式内のパラメータが特定の値をとるときにのみ解が存在する境界値問題を固有値問題とよんでいる．本章では Green 関数を用いた手法を中心として，境界値問題の解法について紹介したい．

5.1 Sturm–Liouville 型微分方程式

5.1.1 境界値問題の例

本章では，2 階常微分方程式 (4.1) に対する**境界値問題**について考察する．まず，境界値問題がどのようなものであるかを把握するため，次の例題を考えよう．

例題 5.1 常微分方程式

$$\frac{d^2y}{dx^2} - y = 0 \quad (0 < x < 1) \tag{5.1}$$

に対して

$$y(0) = 1, \quad y(1) = 0 \tag{5.2}$$

という条件を満たす解を求めよ．　　　　　　　　　　　　　　　　　◁

(解) 方程式 (5.1) の一般解は C_1, C_2 を任意定数として

$$y(x) = C_1 \cosh x + C_2 \sinh x \tag{5.3}$$

で与えられる．条件式 (5.2) を満たすように C_1, C_2 を選べば，求める解は

$$y(x) = \frac{\sinh(1 - x)}{\sinh 1} \tag{5.4}$$

で与えられる．

この例題のように常微分方程式 (4.1) に対し，x の定義域両端における y あるいは y' の値 (**境界条件**) を指定した上で，微分方程式を解く問題を境界値問題とよんでいる．これに対し，ある一点 $x = x_0$ における $y(x_0)$ と $y'(x_0)$ の値 (初期条件) を指定して解を求める問題を初期値問題とよぶ．

以下では境界値問題に対する分類，および主な解法について考察しよう．

5.1.2   自己随伴演算子

方程式 (4.1) の係数に変数変換

$$p(x) = \mathrm{e}^{\int P(x)dx}, \quad q(x) = Q(x)\,\mathrm{e}^{\int P(x)dx}, \quad r(x) = f(x)\,\mathrm{e}^{\int P(x)dx} \tag{5.5}$$

を施すと一般性を失うことなく

$$L[y] \equiv \frac{d}{dx}\left(p(x)\frac{dy}{dx}\right) + q(x)y = r(x) \quad (a < x < b) \tag{5.6}$$

に変換される．$a < x < b$ において，$p(x)$ は連続微分可能な正値関数，$q(x)$, $r(x)$ は連続関数とする．式 (5.6) の演算子 L は任意関数 $u(x)$, $v(x)$ に対し

$$\int_a^b (\,vL[u] - uL[v]\,)dx = \left[p\left\{v\frac{du}{dx} - u\frac{dv}{dx}\right\}\right]_a^b \tag{5.7}$$

という積分定理 (**Green (グリーン) の定理**) を満たすので，左辺の積分値が境界値で評価できる．このように式 (5.7) を満たす演算子 L を**自己随伴**であるという[*1]，自己随伴型微分方程式 (5.6) を **Sturm–Liouville (スツルム–リウビル) 型微分方程式**とよんでいる．

5.1.3   境界値問題の分類

方程式 (5.6) の $x = a, b$ における境界条件が一般に

---

*1 $M[u] = Su'' + Pu' + Qu$ に対して，$N[v] = (Sv)'' - (Pv)' + Qv$ と選べば，

$$\int_a^b (\,vM[u] - uN[v]\,)dx = \left[vSu' - (vS)'u + vPu\right]_a^b$$

が成り立つ．このとき，N を M の随伴演算子とよぶ (S, P, Q は x の既知関数とする)．なお，線形代数では随伴行列とは共役転置行列を意味し，自己随伴行列とはエルミート行列のことを指す．

$$B_a[y] = \alpha_a\, y(a) + \beta_a\, y'(a) = \gamma_a \tag{5.8}$$

$$B_b[y] = \alpha_b\, y(b) + \beta_b\, y'(b) = \gamma_b \tag{5.9}$$

と書けるとする．この境界条件に対する分類について考えよう．まず，$\alpha_a = \alpha_b = 1$, $\beta_a = \beta_b = 0$ のとき，すなわち

$$y(a) = \gamma_a, \quad y(b) = \gamma_b, \tag{5.10}$$

を**第1種境界条件** (あるいは，Dirichlet (ディリクレ) 境界条件) とよんでいる．また $\alpha_a = \alpha_b = 0$, $\beta_a = \beta_b = 1$ のとき

$$y'(a) = \gamma_a, \quad y'(b) = \gamma_b \tag{5.11}$$

を**第2種境界条件** (あるいは，Neumann (ノイマン) 境界条件) とよぶ．さらに，それ以外の場合を**第3種境界条件**とよんでいる．

それぞれの場合において，$\gamma_a = \gamma_b = 0$ のときを斉次境界条件，それ以外を非斉次境界条件という．さらに，方程式 (5.6) および境界条件 (5.8), (5.9) がともに斉次である場合を斉次型境界値問題，少なくともどちらか一方が非斉次である場合を非斉次型境界値問題ということにする．

ここで，方程式 (5.6) の一般解と境界値問題の解との関係について言及しておこう．もし方程式 (5.6) の一般解が既知であれば，その境界値問題は任意定数をどう選ぶかという問題に帰着する．いま，方程式 (5.6) の基本解を y_1, y_2，特殊解を y_0 とすれば，一般解は式 (4.5) で与えられる．これを境界条件 (5.8), (5.9) に代入すると，非斉次型境界値問題の場合

$$C_1 B_a[y_1] + C_2 B_a[y_2] = \gamma_a - B_a[y_0] \tag{5.12}$$

$$C_1 B_b[y_1] + C_2 B_b[y_2] = \gamma_b - B_b[y_0] \tag{5.13}$$

が成り立たなければならない．基本解 y_1, y_2 に対し

$$\Delta = \begin{vmatrix} B_a[y_1] & B_a[y_2] \\ B_b[y_1] & B_b[y_2] \end{vmatrix} \tag{5.14}$$

と定義すれば，式 (5.12), (5.13) を満たす C_1, C_2 が存在するためには，$\Delta \neq 0$ でなければならない．非斉次型境界値問題に対する一般的な解の構成法を次節で考察する．

一方，斉次型境界値問題の場合は $\gamma_a = \gamma_b = 0$, $y_0 \equiv 0$ であるから

$$C_1 B_a[y_1] + C_2 B_a[y_2] = 0 \tag{5.15}$$

$$C_1 B_b[y_1] + C_2 B_b[y_2] = 0 \tag{5.16}$$

となり，非自明な解 C_1, C_2 が存在するためには $\Delta = 0$ でなければならない．すなわち，斉次型境界値問題の非自明な解は常に存在するわけではないことがわかる．実際の斉次型境界値問題では，方程式中に自由なパラメータ (固有値) が含まれ，それが特別な値をとるとき解が存在するというタイプの問題を考えることが多い．これらは固有値問題とよばれている．これについては，5.3 節で考察しよう．

5.2　境界値問題と Green 関数

5.2.1　Green 関数の定義

方程式 (5.6) で定義された L に対し

$$L[G(x,\xi)] = -\delta(x - \xi) \tag{5.17}$$

を満たし，かつ斉次境界条件 (5.8), (5.9) ($\gamma_a = \gamma_b = 0$) を満たす $G(x,\xi)$ を **Green (グリーン) 関数**とよんでいる[*2]．ここで $\delta(x)$ は Dirac (ディラック) の**デルタ関数**で，$c \in (a,b)$ に対して

$$\int_a^b \delta(x - c)\, dx = 1, \qquad \delta(x - c) = 0 \ (x \neq c)$$

$$\int_a^b f(x)\delta(x - c)\, dx = f(c) \ \ (f(x) \text{ は任意の関数}) \tag{5.20}$$

という性質をもつ関数として定義される (デルタ関数については本教程『フーリエ・ラプラス解析』4.5 節を参照のこと).

[*2]　式 (5.17) はデルタ関数を用いずに表すと

$$L[G(x,\xi)] = 0 \quad (x \neq \xi) \tag{5.18}$$

かつ $x = \xi$ では，領域 $[\xi - 0, \xi + 0]$ を積分して得られる

$$\left. \frac{dG(x,\xi)}{dx} \right|_{x=\xi+0} - \left. \frac{dG(x,\xi)}{dx} \right|_{x=\xi-0} = \frac{-1}{p(\xi)} \tag{5.19}$$

を意味している (ただし $p(\xi) \neq 0$). また，式 (5.17) を満たすが，要請される斉次境界条件を満たさないものは**主要解**とよんで Green 関数とは区別している.

もし Green 関数 $G(x,\xi)$ が既知であれば,

$$y(x) = -\int_a^b G(x,\xi)r(\xi)d\xi \tag{5.21}$$

がただちに方程式 (5.6) に対する斉次境界条件 (5.8), (5.9) ($\gamma_a=\gamma_b=0$) を満たす解を与える. 何とならば, 式 (5.21) に L を作用させると

$$L[y(x)] = -\int_a^b L[G(x,\xi)]r(\xi)d\xi$$
$$= \int_a^b \delta(x-\xi)r(\xi)d\xi = r(x) \tag{5.22}$$

となるからである. さらに, 式 (5.21) から $y(x)$ と $G(x,\xi)$ は同じ斉次境界条件を満たすことも容易にわかる.

　以下では, 斉次境界条件 (5.8), (5.9) ($\gamma_a=\gamma_b=0$) を満たす Green 関数を方程式 (5.6) の基本解 y_1, y_2 から構成する方法について考えよう. まず, y_1, y_2 の適当な線形結合をとれば, 斉次境界条件 (5.8), (5.9) ($\gamma_a=\gamma_b=0$) のそれぞれ一方のみを満たす解 $y_a(x), y_b(x)$ が作れる. これは, 式 (5.14) が $\Delta \neq 0$ であれば,

$$y_a(x) = C_{a1}\,y_1(x) + C_{a2}\,y_2(x) \quad (B_a[y_a(x)] = 0,\ B_b[y_a(x)] \neq 0) \tag{5.23}$$
$$y_b(x) = C_{b1}\,y_1(x) + C_{b2}\,y_2(x) \quad (B_a[y_b(x)] \neq 0,\ B_b[y_b(x)] = 0) \tag{5.24}$$

を満たす非自明な (C_{a1}, C_{a2}), (C_{b1}, C_{b2}) が定数倍を除いて定まるということに基づいている. こうして得られた $y_a(x), y_b(x)$ を用いて, Green 関数を

$$G(x,\xi) = \begin{cases} C_a\,y_a(x) & (a < x < \xi), \\ C_b\,y_b(x) & (\xi < x < b), \end{cases} \tag{5.25}$$

と定義する. ただし, C_a, C_b は

$$C_a = \frac{y_b(\xi)}{\mu}, \ C_b = \frac{y_a(\xi)}{\mu} \quad [\mu = p(\xi)\{\,y_b(\xi)y_a'(\xi) - y_a(\xi)y_b'(\xi)\,\}] \tag{5.26}$$

で与えられる. この C_a, C_b は, $G(x,\xi)$ が $a < x < b$ で連続, すなわち $x = \xi$ で連続であること

$$C_a\,y_a(\xi) = C_b\,y_b(\xi) \tag{5.27}$$

および, 式 (5.25) を (5.19) に代入した

$$C_a y_a'(\xi) - C_b y_b'(\xi) = \frac{1}{p(\xi)} \tag{5.28}$$

の 2 条件を満たす定数である.

さらに, Green 関数 (5.25) は

$$G(x,\xi) = y_a(\xi)\, y_b(x)\theta(x - \xi) + y_b(\xi)\, y_a(x)\theta(\xi - x) \tag{5.29}$$

と簡潔に表すこともできる*3. ただし, $\theta(x)$ は階段関数で

$$\theta(x) = \begin{cases} 1 & (x \geq 0) \\ 0 & (0 > x) \end{cases} \tag{5.30}$$

と定義される. 式 (5.29) において $G(x,\xi)=G(\xi,x)$ が成り立っているが, これは偶然ではなく, 方程式 (5.6) の L が自己随伴になっていること, および $G(x,\xi)$ が斉次境界条件を満たすことからの帰結である.

例題 5.2 次の Sturm–Liouville 型境界値問題に対応した Green 関数を求めよ.

$$L[y] = \frac{d^2y}{dx^2} - y \quad (0 < x < 1) \tag{5.31}$$

$$y(0) = 0, \quad y(1) = 0 \tag{5.32}$$

◁

(解) $L[y] = 0$ の解で $y(0) = 0$ を満たすものを $y_a(x) = \sinh x$, $y(1) = 0$ を満たすものを $y_b(x) = \sinh(x - 1)$ とする. これらを用いて, Green 関数が

$$G(x,\xi) = C_b \sinh(x - 1)\, \theta(x - \xi) + C_a \sinh x\, \theta(\xi - x) \tag{5.33}$$

と書けるとする. 式 (5.27) と (5.28) から

$$C_a \sinh \xi = C_b \sinh(\xi - 1) \tag{5.34}$$

$$C_a \cosh \xi - C_b \cosh(\xi - 1) = 1 \tag{5.35}$$

が成り立つから, これを解いて

$$G(x,\xi) = -\frac{\sinh \xi}{\sinh 1} \sinh(x - 1)\, \theta(x - \xi) - \frac{\sinh(\xi - 1)}{\sinh 1} \sinh x\, \theta(\xi - x) \tag{5.36}$$

が得られる.

---

*3 式 (5.7) において $u = y_a(x)$, $v = y_b(x)$ とおけば $L[y_a(x)] = L[y_b(x)] = 0$ を満たすことから

$$[p(x)\{y_b(x)y_a'(x) - y_a(x)y_b'(x)\}]_b^a = 0$$

が成り立っている. 積分領域 $[a, b]$ は任意の範囲でもよいので, この式から式 (5.26) の μ は実は ξ に依らない定数であることがわかる. $y_a(x)$, $y_b(x)$ は元々定数倍の不定性があるので, 規格化し直せば式 (5.25) から式 (5.29) が得られる.

5.2.2　非斉次境界条件の解

前項の議論から，方程式 (5.6) の斉次境界条件を満たす解が Green 関数を用いた式 (5.21) で表せることがわかった．さらに Green 関数を用いて，非斉次境界条件を満たす解を与えることもできる．その手順について考えよう．まずここでは，Green 関数の境界条件を明示する必要があるため，第 1 種境界条件を満たす Green 関数を第 1 種の Green 関数とよび $G_1(x, \xi)$ と書くことにする．同様に，第 2 種境界条件を満たすものを第 2 種の Green 関数，$G_2(x, \xi)$，第 3 種境界条件を満たすものを第 3 種の Green 関数，$G_3(x, \xi)$ とする．

その上で Green の定理 (5.7) において，$u = y(x)$, $v = G_i(x, \xi)$ $(i=1,2,3)$ と選べば

$$
\int_a^b \{G_i(x,\xi)L[y] - y(x)L[G_i(x,\xi)]\}dx = \int_a^b G_i(x,\xi)r(x)dx + y(\xi)
$$
$$
= \left[p(x)\{G_i(x,\xi)\frac{dy}{dx} - y\frac{\partial G_i(x,\xi)}{\partial x}\} \right]_a^b \quad (5.37)
$$

が得られる．ここで，x と ξ を入れ替えて $G(x, \xi)$ の対称性を使えば

$$
y(x) = -\int_a^b G_i(x,\xi)r(\xi)d\xi + \left[p(\xi)G_i(x,\xi)\frac{dy(\xi)}{d\xi} - p(\xi)y(\xi)\frac{\partial G_i(x,\xi)}{\partial \xi} \right]_{\xi=a}^{\xi=b}
$$
$$
(5.38)
$$

なる関係式を得る．この式に基づいて各境界条件ごとに場合分けして考えよう．
[第 1 種境界条件の場合]

Green 関数の対称性から，第 1 種の Green 関数に対して $G_1(x,a)=G_1(x,b)=0$ が成り立つ．これから，式 (5.38) を用いて

$$
y(x) = -\int_a^b G_1(x,\xi)r(\xi)d\xi - \left[p(\xi)y(\xi)\frac{\partial G_1(x,\xi)}{\partial \xi} \right]_{\xi=a}^{\xi=b}
$$
$$
= -\int_a^b G_1(x,\xi)r(\xi)d\xi - \gamma_b\, p(\xi)\frac{\partial G_1(x,\xi)}{\partial \xi}\bigg|_{\xi=b} + \gamma_a\, p(\xi)\frac{\partial G_1(x,\xi)}{\partial \xi}\bigg|_{\xi=a}
$$
$$
(5.39)
$$

が第 1 種境界条件 (5.10) を満たす解を与える．
[第 2 種境界条件の場合]

第 2 種の Green 関数に対し，$\partial G_2(x,\xi)/\partial \xi|_{\xi=a} = \partial G_2(x,\xi)/\partial \xi|_{\xi=b}=0$ が成り立

つ. これから，式 (5.38) を用いて

$$y(x) = -\int_a^b G_2(x,\xi)r(\xi)d\xi + \left[p(\xi)G_2(x,\xi)\frac{dy(\xi)}{d\xi}\right]_{\xi=a}^{\xi=b}$$

$$= -\int_a^b G_2(x,\xi)r(\xi)d\xi + \gamma_b\,p(b)G_2(x,b) - \gamma_a\,p(a)G_2(x,a) \quad (5.40)$$

が第 2 種境界条件 (5.11) を満たす解を与える.

[第 3 種境界条件の場合]

第 3 種の Green 関数は $\xi = a$ において，$\alpha_a G_3(x,a) + \beta_a\partial G_3(x,\xi)/\partial\xi|_{\xi=a} = 0$ を満たすので，これと式 (5.8) から

$$G_3(x,a)\left.\frac{dy(\xi)}{d\xi}\right|_{\xi=a} - y(a)\left.\frac{\partial G_3(x,\xi)}{\partial\xi}\right|_{\xi=a} = \frac{\gamma_a}{\beta_a}G_3(x,a) \quad (5.41)$$

が成り立つ. ただし，$\beta_a \neq 0$ とする. 同様に，$\alpha_b G_3(x,b)+\beta_b\partial G(x,\xi)/\partial\xi|_{\xi=b} = 0$ と式 (5.9) から，$\beta_b \neq 0$ とすると

$$G_3(x,b)\left.\frac{dy(\xi)}{d\xi}\right|_{\xi=b} - y(b)\left.\frac{\partial G_3(x,\xi)}{\partial\xi}\right|_{\xi=b} = \frac{\gamma_b}{\beta_b}G_3(x,b) \quad (5.42)$$

であることがいえる. これらを，式 (5.38) に代入して

$$y(x) = -\int_a^b G_3(x,\xi)r(\xi)d\xi + \left[p(\xi)G_3(x,\xi)\frac{dy(\xi)}{d\xi} - p(\xi)y(\xi)\frac{\partial G_3(x,\xi)}{\partial\xi}\right]_{\xi=a}^{\xi=b}$$

$$= -\int_a^b G_3(x,\xi)r(\xi)d\xi + \frac{\gamma_b}{\beta_b}p(b)G_3(x,b) - \frac{\gamma_a}{\beta_a}p(a)G_3(x,a) \quad (5.43)$$

が第 3 種境界条件 (5.8), (5.9) を満たす解である.

例題 5.3 次の Sturm–Liouville 型境界値問題の解を Green 関数を用いて表せ.

$$\frac{d^2y}{dx^2} - y = r(x) \quad (0 < x < 1) \quad (5.44)$$

$$y(0) = \gamma_a, \quad y(1) = \gamma_b \quad (5.45)$$

$\triangleleft$

(解) 第 1 種境界条件を満たす解 (5.39) に，例題 5.2 で得た Green 関数 (5.36) を代入して計算する. まず，式 (5.39) の右辺第 2 項の $\partial G_1(x,\xi)/\partial\xi|_{\xi=b}$ $(b=1)$ を式 (5.36) から計算すると

$$\left.\frac{\partial G_1(x,\xi)}{\partial\xi}\right|_{\xi=b} = \frac{\partial}{\partial\xi}\left[-\frac{\sinh(\xi-1)}{\sinh 1}\sinh x\right]_{\xi=1} = -\frac{\sinh x}{\sinh 1} \quad (5.46)$$

となる．ここで，$\xi = 1$ から $\xi > x$ が成り立つとして，式 (5.36) の右辺第 2 項を
とっている．また，式 (5.39) の右辺第 3 項の $\partial G_1(x,\xi)/\partial\xi|_{\xi=a}$ $(a = 0)$ を式 (5.36)
から計算すると

$$\left.\frac{\partial G_1(x,\xi)}{\partial\xi}\right|_{\xi=a} = \frac{\partial}{\partial\xi}\left[-\frac{\sinh\xi}{\sinh 1}\sinh(x-1)\right]_{\xi=0} = -\frac{\sinh(x-1)}{\sinh 1} \qquad (5.47)$$

を得る．ここでは，$\xi = 0$ から $x > \xi$ が成り立つとして，式 (5.36) の右辺第 1 項
をとった．これらの結果を式 (5.39) に代入して，求める解の表示

$$y(x) = \frac{\sinh(x-1)}{\sinh 1}\int_0^x r(\xi)\sinh\xi d\xi + \frac{\sinh x}{\sinh 1}\int_x^1 r(\xi)\sinh(\xi-1)d\xi$$
$$+\frac{\sinh x}{\sinh 1}\gamma_b - \frac{\sinh(x-1)}{\sinh 1}\gamma_a \qquad (5.48)$$

を得る．

5.3　Sturm–Liouville 型固有値問題と直交関数系

　方程式 (5.6) に対する斉次型境界値問題は，式 (5.15), (5.16) のところで述べた
ように一般には自明解 $y \equiv 0$ しかもたない．そこで，方程式内に自由にとれるパ
ラメータ λ を含んだ自己随伴型微分方程式

$$L[y] + \lambda w(x)y = \frac{d}{dx}\left(p(x)\frac{dy}{dx}\right) + q(x)y + \lambda w(x)y = 0 \quad (a < x < b) \quad (5.49)$$

を考える．この方程式を斉次境界条件

$$B_a[y] = \alpha_a\, y(a) + \beta_a\, y'(a) = 0 \qquad (5.50)$$
$$B_b[y] = \alpha_b\, y(b) + \beta_b\, y'(b) = 0 \qquad (5.51)$$

の下で解く問題を **Sturm–Liouville (スツルム–リウビル) 型固有値問題**とよん
でいる．$a < x < b$ において，$p(x)$ は連続微分可能な正値実関数，$q(x)$, $w(x)(> 0)$
は連続実関数とする．ここで，固有値問題とはパラメータ λ が特定の値をとると
きに限り，境界条件を満たす非自明な解が存在するという問題を意味し，λ を**固
有値**，それに対応する解を**固有関数**とよんでいる．これらの用語は，線形代数に
おける固有値問題，すなわち行列の固有値，固有ベクトルに対応していることは
容易に想像がつく (注意 5.1 を参照)．まず，次の簡単な例題について考えよう．

例題 5.4 次の Sturm–Liouville 型固有値問題の解を求めよ.

$$\frac{d^2 y}{dx^2} - \lambda y = 0 \quad (0 < x < 1) \tag{5.52}$$

$$y(0) = 0, \quad y(1) = 0 \tag{5.53}$$

◁

(解) (1) $\lambda < 0$ のとき

方程式 (5.52) の一般解は

$$y = C_1 \cos(\sqrt{|\lambda|}x) + C_2 \sin(\sqrt{|\lambda|}x) \tag{5.54}$$

で与えられる. 境界条件 (5.53) を満たしかつ解が非自明であるためには

$$C_1 = 0, \quad \sqrt{|\lambda|} = n\pi \ (C_2 \neq 0) \quad (n = 1, 2, 3, \cdots) \tag{5.55}$$

でなければならない. したがって, 固有関数と固有値は,

$$y_n = C_2 \sin(n\pi x), \quad \lambda_n = -(n\pi)^2 \quad (n = 1, 2, 3, \cdots) \tag{5.56}$$

で与えられる.

(2) $\lambda = 0$ のとき

方程式 (5.52) の一般解は $y = C_1 x + C_2$ で与えられるが, $C_1 = C_2 = 0$ 以外は境界条件 (5.53) を満たさない.

(3) $\lambda > 0$ のとき

方程式 (5.52) の一般解は

$$y = C_1 \mathrm{e}^{\sqrt{\lambda}x} + C_2 \mathrm{e}^{-\sqrt{\lambda}x} \tag{5.57}$$

で与えられるが, $C_1 = C_2 = 0$ 以外は境界条件 (5.53) を満たさない.

したがって, 非自明な解は式 (5.56) のときのみ与えられる.

注意 5.1 例題 5.4 は N 次行列に対する固有値問題

$$\frac{1}{\Delta x^2} \begin{pmatrix} -2 & 1 & & \quad O \\ 1 & -2 & \ddots & \\ & \ddots & \ddots & 1 \\ O & & 1 & -2 \end{pmatrix} \begin{pmatrix} u_1 \\ u_2 \\ \vdots \\ u_N \end{pmatrix} = \lambda \begin{pmatrix} u_1 \\ u_2 \\ \vdots \\ u_N \end{pmatrix} \tag{5.58}$$

に関係づけられることが以下の議論から示される．まず，式 (5.58) に対する n 番目 $(1 \le n \le N)$ の固有値と固有ベクトルは

$$\lambda^{(n)} = -\frac{4}{\Delta x^2} \sin^2 \frac{n\pi}{2(N+1)}, \quad u_j^{(n)} = \sin \frac{jn\pi}{N+1} \ (1 \le j \le N) \tag{5.59}$$

で与えられることがわかっている．ここで，$(N+1)\Delta x = 1$ を保ったまま，$\Delta x \to 0$ $(N \to \infty)$ の極限をとれば

$$\lambda^{(n)} \to -(n\pi)^2, \quad u_j^{(n)} \to \sin(n\pi x) \tag{5.60}$$

となって式 (5.56) に一致する．ただし，$j\Delta x = x$ としている．また，式 (5.58) は

$$\frac{1}{\Delta x^2}(u_{j+1} - 2u_j + u_{j-1}) = \lambda u_j \quad (1 \le j \le N, \ u_0 = u_{N+1} = 0) \tag{5.61}$$

と書けるが，$u_j = u(j\Delta x)$ とみなせば，$\Delta x \to 0$ において

$$\frac{d^2 u(x)}{dx^2} = \lambda u(x) \quad (0 < x < 1, \ u(0) = u(1) = 0) \tag{5.62}$$

となる．したがって，行列に対する固有値問題 (5.58) は $\Delta x \to 0$ $(N \to \infty)$ の極限において式 (5.52), (5.53) に移行することがわかった．

式 (5.58) の N 次行列は実対称行列であるから，異なる固有値に属する固有ベクトルが直交する (内積が 0 になる)．すなわち，

$$\sum_{j=1}^{N} u_j^{(m)} u_j^{(n)} = \sum_{j=1}^{N} \sin \frac{jm\pi}{N+1} \sin \frac{jn\pi}{N+1} = \frac{N+1}{2} \delta_{m,n} \ (1 \le m, n \le N) \tag{5.63}$$

が成り立っている．この関係式も $\Delta x \to 0 \ [(N+1)\Delta x = 1]$ の極限において

$$\frac{1}{N+1} \sum_{j=1}^{N} \sin \frac{jm\pi}{N+1} \sin \frac{jn\pi}{N+1} \to \int_0^1 \sin m\pi x \sin n\pi x \, dx = \frac{1}{2}\delta_{m,n} \tag{5.64}$$

に移行することがわかる (定理 5.1 参照)．　　　　　　　　　　　　　　　　$\triangleleft$

以下に Sturm–Liouville 型固有値問題 (5.49) の性質について，定理の形でまとめることにする (定理 5.4 以外は証明を付記する)．

定理 5.1 Sturm–Liouville 型固有値問題 (5.49) の異なる固有値に属する固有関数 y_ℓ, y_m $(\ell, m = 0, 1, 2, \cdots)$ は重み関数を $w(x)$ として直交する．すなわち，

$$\int_b^a y_\ell(x) \, y_m(x) \, w(x) \, dx = 0 \quad (\lambda_\ell \ne \lambda_m) \tag{5.65}$$

が成り立つ．

(**証明**) 方程式 (5.49) は $L[y]=-\lambda wy$ と書き直せる．左辺の L に対して式 (5.7) が成り立つので，$u=y_\ell,\, v=y_m$ として代入すると

$$(\lambda_m-\lambda_\ell)\int_b^a y_\ell(x)\,y_m(x)\,w(x)\,dx=\left[p\{y_m\frac{dy_\ell}{dx}-y_\ell\frac{dy_m}{dx}\}\right]_a^b \tag{5.66}$$

が成り立つ．固有関数 $y_\ell,\, y_m$ はそれぞれ斉次境界条件 (5.50) を満たすので，

$$y_m(a)\,y_\ell'(a)-y_\ell(a)\,y_m'(a)=0 \tag{5.67}$$

が成り立つ．同様に，斉次境界条件 (5.51) から

$$y_m(b)\,y_\ell'(b)-y_\ell(b)\,y_m'(b)=0 \tag{5.68}$$

が成り立つから，式 (5.66) の右辺は 0 となり，かつ $\lambda_\ell\neq\lambda_m$ から，式 (5.65) が帰結される．　■

定理 5.2 (特異境界値問題) Sturm–Liouville 型固有値問題 (5.49) において $p(a)=p(b)=0$ が成り立つとする ($p(x)$ は $x\to a,b$ で十分速く 0 に近づくとする)．このとき，各固有関数とその導関数に対する境界条件 (5.50), (5.51) とは無関係に定理5.1 で述べた固有関数の直交性が成り立つ．

(**証明**) 定理 5.1 の証明において，$p(x)$ が $x\to a,b$ で十分速く 0 に近づけば式 (5.66) の右辺は 0 となるので，式 (5.65) が成り立つ．　■

注意 5.2 境界条件 (5.50), (5.51) の代わりに

$$\tilde B_a[y]=\alpha_a\,y(a)+\beta_a\,p(a)\,y'(a)=0 \tag{5.69}$$
$$\tilde B_b[y]=\alpha_b\,y(b)+\beta_b\,p(b)\,y'(b)=0 \tag{5.70}$$

を課して，特異境界値問題に対応する流儀もある．これは例えば $p(a)\,y'(a)=0$ ($y'(a)\neq0$) の場合も斉次境界条件の一種として含めることを意味する．　◁

定理 5.3 Sturm–Liouville 型固有値問題 (5.49) の固有値は実数である．

(証明) 固有値問題 (5.49) のある固有値 λ_ℓ が複素数 $\lambda_\ell = \alpha + i\beta$ であり，その固有関数が $y_\ell(x)$ であるとする．方程式 (5.49) 中の $p(x), q(x), w(x)$ は実関数であるから，λ_ℓ の複素共役 $\lambda_{\ell'} = \alpha - i\beta$ も固有値で，その固有関数は $y_{\ell'}(x) = [y_\ell(x)]^*$ で与えられるとする．これらを式 (5.65) に代入すると

$$(\lambda_\ell - \lambda_{\ell'}) \int_b^a y_\ell(x)\, y_{\ell'}(x)\, w(x)\, dx = (\lambda_\ell - \lambda_\ell^*) \int_b^a |y_\ell(x)|^2\, w(x)\, dx = 0 \quad (5.71)$$

が成り立つ．ここで $w(x) > 0$ かつ $|y_\ell(x)|^2 \geq 0$ であるが $y_\ell(x) \not\equiv 0$ であるから積分値は 0 とはならない．したがって，$\lambda_\ell = \lambda_\ell^*$ が成り立つ．∎

定理 5.4 Sturm–Liouville 型固有値問題 (5.49) の固有値は (可算) 無限個存在し，すべて実数である．その中に最小固有値 λ_0 が存在し，すべての固有値を

$$\lambda_0 < \lambda_1 < \lambda_2 < \cdots$$

と並べることができる．このとき，$n \to \infty$ で，$\lambda_n \to \infty$ を満たす．また，各固有値には (定数倍を除いて) ただ 1 つの固有関数が対応し，λ_n に対応する固有関数を $\varphi_n(x)$ とすると，$\varphi_n(x)$ は区間 (a,b) 内にちょうど n 個の零点をもつ (証明略)．

例題 5.5 [Hermite 多項式の直交性]　例題 4.7 で得た Hermite 多項式の直交性を示せ．　◁

(解) Hermite 多項式 (4.92) に対する方程式 (4.87) は，変数変換 (5.5) を用いて

$$\frac{d}{dx}\left(e^{-x^2}\frac{dH_n(x)}{dx}\right) + \lambda e^{-x^2} H_n(x) = 0 \quad (5.72)$$

と式 (5.49) の形に書き直せる．ここで $p(x) = w(x) = e^{-x^2}$, $q(x) = 0$, $\lambda = 2n$ となるから，定理 5.1, 5.2 より直交関係として

$$\int_{-\infty}^{\infty} e^{-x^2} H_n(x) H_m(x)\, dx = 2^n n! \sqrt{\pi}\, \delta_{nm} \quad (5.73)$$

が成り立つ．$m = n$ の場合の積分値は式 (4.92) から $H_n(x) = (2x)^n + \cdots$ であること，および部分積分を繰り返すことで得ることができる．

　この問題は定理 5.2 より，$p(\infty) = p(-\infty) = 0$ を満たす特異境界値問題とみなすことができる．

例題 5.6 [Legendre 多項式の直交性]　例題 4.8 で得た Legerdre 多項式の直交性
を示せ.　　　　　　　　　　　　　　　　　　　　　　　　　　　　　◁

(解) Legerdre 多項式 (4.102) に対する方程式 (4.95) は，変数変換 (5.5) を用いて

$$\frac{d}{dx}\{(1-x^2)\frac{dP_n(x)}{dx}\} + \lambda P_n(x) = 0 \tag{5.74}$$

と式 (5.49) の形に書き直せる. ここで $p(x) = 1 - x^2$, $q(x) = 0$, $w(x) = 1$,
$\lambda = n(n+1)$ となるから，定理 5.1, 5.2 より直交関係として

$$\int_{-1}^{1} P_n(x)P_m(x)\,dx = \frac{2}{2n+1}\,\delta_{nm} \tag{5.75}$$

が成り立つ. $m = n$ の場合の積分値は，式 (4.102) から $P_n(x) = (2n)!x^n/(2^n n!^2)+$
$\cdots$ であること，および部分積分を繰り返すことで得ることができる.

　この問題は定理 5.2 より，$p(-1) = p(1) = 0$ を満たす特異境界値問題とみなす
ことができる.

例題 5.7 [Laguerre の陪多項式の直交性]　注意 4.1 で言及した Laguerre の陪多
項式の直交性を示せ.　　　　　　　　　　　　　　　　　　　　　　　◁

(解) Laguerre の陪多項式 (4.118) に対する方程式 (4.116) は，変数変換 (5.5) を
用いて

$$\frac{d}{dx}\{e^{-x}x^{m+1}\frac{dL_n^m(x)}{dx}\} + (-m+\lambda)e^{-x}x^m L_n^m(x) = 0 \tag{5.76}$$

と式 (5.49) の形に書き直せる. ここで $p(x) = e^{-x}x^{m+1}$, $q(x) = -me^{-x}x^m$,
$w(x) = e^{-x}x^m$, $\lambda = n$ となるから，定理 5.1, 5.2 より直交関係として

$$\int_0^\infty e^{-x}x^m L_n^m(x)L_\ell^m(x)\,dx = \frac{(n!)^3}{(n-m)!}\,\delta_{n\ell} \tag{5.77}$$

が成り立つ. $\ell = n$ の場合の積分値は式 (4.118) から $L_n^m(x) = (-1)^n n!\,x^{n-m}/(n-m)!+\cdots$ であること，および部分積分を繰り返すことで得ることができる.

　この問題は定理 5.2 より，$p(0) = p(\infty) = 0$ を満たす特異境界値問題とみなす
ことができる.

5.4 変分法との関係

5.4.1 境界値問題と変分法

　本節では，Sturm–Liouville 型微分方程式の境界値問題や固有値問題に対応する**変分問題**について考察する (変分法について詳しくは本教程『最適化と変分法』第 6 章を参照のこと).

　まずはじめに，変分問題に関する基本事項を簡単にまとめておきたい. 関数 $y(x)$ に対する**積分汎関数**が

$$I[y] = \int_a^b F(x, y, y') \, dx \quad (y' = \frac{dy}{dx}) \tag{5.78}$$

で与えられ，さらに境界条件 $y(a) = \gamma_a$, $y(b) = \gamma_b$ が課されているとする. このとき, $I[y]$ が停留値[*4]をとるように関数 $y(x)$ を定める問題を変分問題とよんでいる.

　$I[y]$ が停留値をとるための必要条件は, $y \to y + \delta y$ という変化に伴い $I \to I + \delta I$ と変わったとき, $\delta I = 0$ となることである. これを式で表せば

$$\delta I = \frac{\partial F}{\partial y'} \delta y(x) \Big|_b^a - \int_a^b \left\{ \frac{\partial F}{\partial y} - \frac{d}{dx} \left(\frac{\partial F}{\partial y'} \right) \right\} \delta y(x) \, dx = 0 \tag{5.79}$$

となる. もし, $\delta y(x)$ が境界条件 $\delta y(a) = \delta y(b) = 0$ を満たすように変化すれば, 式 (5.79) の中辺第 1 項は 0 になるため

$$\frac{d}{dx} \left(\frac{\partial F}{\partial y'} \right) - \frac{\partial F}{\partial y} = 0 \tag{5.80}$$

が成り立たたねばならない. この式 (5.80) を **Euler (オイラー) 方程式** (Euler-Lagrgange 方程式) とよんでいる.

　この議論に沿って，Sturm–Liouville 型微分方程式 (5.6) の境界値問題に対応する変分問題について考察することができる. すなわち, 方程式 (5.6) に対応する変分問題は積分汎関数

$$I[y] = \int_a^b \left\{ p(x)(\frac{dy}{dx})^2 - q(x)y^2 + 2r(x)y \right\} dx \tag{5.81}$$

が停留値をとる問題として定式化される. ここで $y(x)$ は境界条件

$$y(a) = \gamma_a, \quad y(b) = \gamma_b \tag{5.82}$$

[*4] 停留値, あるいは広義の極値とは, 極大, 極小, 変曲点のいずれかの場合に該当することを意味する.

あるいは

$$p(a)y'(a) = 0, \quad p(b)y'(b) = 0 \tag{5.83}$$

を満たすとする．式 (5.81) に対する Euler 方程式 (5.80) が式 (5.6) に一致することは簡単に示すことができる．したがって，境界条件 (5.82) あるいは (5.83) の下での，Sturm–Liouville 型微分方程式の境界値問題 (5.6) と積分汎関数 (5.81) に対する変分問題は等価であることがわかった．

例題 5.8　例題 5.1 の境界値問題に対応する変分問題を示せ．　　　　　　　　◁

(解) 方程式 (5.1) に対応する変分問題の積分汎関数は，式 (5.81) において $p(x) = 1$, $q(x) = -1$, $r(x) = 0$ の場合に対応するので

$$I[y] = \int_0^1 \left\{ (\frac{dy}{dx})^2 + y^2 \right\} dx \tag{5.84}$$

と与えられる．また，境界条件は式 (5.2) と同じ条件

$$y(0) = 1, \quad y(1) = 0 \tag{5.85}$$

となる．したがって，式 (5.84) に対する変分問題が方程式 (5.1) の境界値問題に対応している．

5.4.2　直　接　法

　方程式 (5.6) の境界値問題と積分汎関数 (5.81) に対する変分問題は等価であることがわかった．このことは，もし式 (5.81) に対する変分問題を何らかの手法で解くことができれば，それが方程式 (5.6) を解く代替手段となることを意味している．

　変分問題の代表的な解法の一つとして，**直接法** (Ritz (リッツ) 法) が知られている．この手法は積分汎関数 (5.81) の y として，ある関数列 $\{\phi_j(x)\}$ の線形結合，

$$y = \sum_{j=0}^{N} C_j \phi_j(x), \tag{5.86}$$

を選び，近似的に $I[y] =$ 停留値 かつ y が境界条件を満たすように C_j を決定するという方法である．式 (5.86) で与えられる y を試行関数，そのときの C_j を試行パラメータとよんでいる (本教程『最適化と変分法』6.5.1 項参照)．

例題 5.8 の変分問題に直接法を適用した例を考えよう.

例題 5.9 積分汎関数

$$I[y] = \int_0^1 \{(\frac{dy}{dx})^2 + y^2\}dx \tag{5.87}$$

$$y(0) = 1, \quad y(1) = 0 \tag{5.88}$$

の変分問題に対し, x の多項式 (1 次式と 2 次式) を用いた直接法を使って, $I[y]$ を近似的に極小にする y と, そのときの $I[y]$ の値を求めよ.　　◁

(解) まず, 試行関数を x の 1 次式, すなわち $y = C_0 + C_1x$ とした場合について考える. 境界条件 (5.88) を満たすためには

$$y = 1 - x \tag{5.89}$$

でなければならない. またこのとき, $I[y] = 4/3$ となる.

次に試行関数が x の 2 次式, すなわち $y = C_0 + C_1x + C_2x^2$ である場合を考えよう. 境界条件 (5.88) を満たすように C_0, C_1 を選べば

$$y = (C_2x - 1)(x - 1) \tag{5.90}$$

となる. これを式 (5.87) に代入して

$$I[y] = \frac{11}{30}C_2^2 - \frac{1}{6}C_2 + \frac{4}{3} \tag{5.91}$$

を得る. この値が極小となるように C_2 を選べば $C_2 = 5/22$ で, そのとき $I[y] = 347/264$ となる.

5.4.3　固有値問題と変分法

5.3 節で考察した Sturm–Liouville 型固有値問題 (5.49) に関しても, 対応する変分問題の存在が知られている. それは積分汎関数

$$I[y] = \int_a^b \{p(x)(\frac{dy}{dx})^2 - q(x)y^2\}dx \tag{5.92}$$

の停留値を与える関数 y を

$$J[y] = \int_a^b w(x)y^2dx = 1 \tag{5.93}$$

という拘束条件の下で求める変分問題である．このとき y の境界条件は

$$y(a) = 0, \quad y(b) = 0 \tag{5.94}$$

あるいは

$$p(a)y'(a) = 0, \quad p(b)y'(b) = 0 \tag{5.95}$$

で与えられるとする．

　式 (5.93) という拘束条件の下で積分汎関数 (5.92) に停留値を与える関数 y を求める問題は，**Lagrange (ラグランジュ) 乗数法** (Lagrange の未定乗数法) を用いれば新たな積分汎関数

$$\tilde{I}[y] = I[y] - \lambda J[y] \tag{5.96}$$

に対する変分問題と等価になることが知られている．ここで，λ は Lagrange 乗数である (本教程『最適化と変分法』6.3 節参照)．積分汎関数 (5.96) に対する Euler 方程式が式 (5.49) に一致することは簡単に示せるので，Sturm–Liouville 型固有値問題 (5.49) と積分汎関数 (5.96) に対する変分問題は等価となることがわかる．このとき，式 (5.96) で Lagrange 乗数として与えた λ は，式 (5.49) の中では固有値として解釈されていることに注意しよう．

　いま固有値 λ と積分汎関数 $I[y]$ の関係を調べるため，式 (5.92) の右辺第一項に部分積分を施した上で式 (5.49) を代入すれば

$$I[y] = p(x)\frac{dy(x)}{dx}y(x)\Big|_a^b - \int_a^b y\Big\{\frac{d}{dx}\Big(p(x)\frac{dy}{dx}\Big) + q(x)y\Big\}dx$$
$$= \lambda \int_a^b w(x)y^2 dx = \lambda \tag{5.97}$$

なる関係を得ることができる．ここで，最後の式変形に拘束条件の式 (5.93) を用いた．この関係式から，停留値 $I[y]$ と固有値問題 (5.49) の λ は等しいことがわかる．

　以上の議論をまとめると，拘束条件付き変分問題 (5.92), (5.93) を直接法で解くことができれば，Sturm–Liouville 型固有値問題 (5.49) を解く代替手段として使えることがわかった．そのとき，停留値 $I[y]$ が固有値 λ を与える．

例題 5.10　例題 5.4 の固有値問題に対応する変分問題を示せ．また，その変分問題に対し，x の 2 次式を用いた直接法を使って $I[y]$ を近似的に極小にする y と，それに対応する固有値 λ を求めよ．　　　　　　　　　　　　　　　◁

(**解**) 方程式 (5.52) に対応する変分問題の積分汎関数は，式 (5.92) より

$$I[y] = \int_0^1 (\frac{dy}{dx})^2 dx \tag{5.98}$$

となり，それに伴う拘束条件は

$$J[y] = \int_0^1 y^2 dx = 1 \tag{5.99}$$

で与えられる．また，境界条件は式 (5.53) と同じ条件

$$y(0) = 0, \quad y(1) = 0 \tag{5.100}$$

となる．

　試行関数を $y = C_0 + C_1 x + C_2 x^2$ とし，境界条件 (5.100) を満たすように C_0，C_1 を選べば

$$y = C_2 x(x - 1) \tag{5.101}$$

となる．さらに，この関数が拘束条件 (5.99) を満たすことから，$C_2 = -\sqrt{30}$ と選ぶとする．式 (5.101) を式 (5.98) に代入して $I[y] = 10$ なる値を得る．ただし，例題 5.4 における λ は式 (5.49) に対し反対符号となっているため，試行関数 (5.101) に対応する固有値は $\lambda = -10$ で与えられる（式 (5.56) の $\lambda_1 = -\pi^2$ に対する近似値であることに注意しよう）．

6 高階微分方程式と連立微分方程式

 本章では高階常微分方程式と連立常微分方程式について考察する．一般の N 階常微分方程式は変数変換によって，1 階 N 元連立常微分方程式に書き換えられることが知られている．したがって，1 階連立常微分方程式についての性質を議論することで，常微分方程式全体の性質を考察することが可能となる．

6.1 定数係数高階線形微分方程式

6.1.1 斉次方程式の解

 ここまでの各章では，1 階および 2 階常微分方程式の解法についてその応用も含めて議論を行ってきた．本章ではこれらも含めた一般の N 階常微分方程式に関する議論を行いたい．

 まず本節において，一番簡単な場合である定数係数 N 階線形常微分方程式

$$\frac{d^N y}{dx^N} + a_{N-1}\frac{d^{N-1}y}{dx^{N-1}} + \cdots + a_1 \frac{dy}{dx} + a_0 y = f(x) \tag{6.1}$$

について考察する．この式は 2 階線形常微分方程式 (3.32) を一般化した式で，応用上でもしばしば現れる．ここで，$a_0, a_1, \cdots, a_{N-1}$ は実定数とする．また，$f(x)$ は既知関数であり，これまでと同様 $f(x) \equiv 0$ である場合を斉次方程式，$f(x) \neq 0$ である場合を非斉次方程式とよぶ．

 まず，斉次方程式の解法について考えよう．式 (3.34) のように方程式 (6.1) において，$y = e^{\lambda x}$ を代入して得られる多項式

$$\lambda^N + a_{N-1}\lambda^{N-1} + \cdots + a_1 \lambda^{N-1} + a_0 = \prod_{j=1}^{N}(\lambda - \lambda_j) = 0 \tag{6.2}$$

を方程式 (6.1) に対する特性方程式とよんでいる．この式は，N 次方程式であるから重複度を含めて N 個の解をもつ．このとき，[1] 重解がない場合，[2] 重解がある場合，の 2 通りの場合に分けて考えよう．

[1] 重解がない場合

　方程式 (6.1) の斉次方程式の一般解は，特性方程式 (6.2) の解を $\lambda_j \ (j = 1, \cdots, N)$ とすると $e^{\lambda_j x}$ の線形結合

$$y = C_1 e^{\lambda_1 x} + C_2 e^{\lambda_2 x} + \cdots + C_N e^{\lambda_N x} \tag{6.3}$$

で与えられる．ここで，$C_j \ (j = 1, \cdots, N)$ は任意定数である．これは，2 階微分方程式 (3.33) の解 (3.35) の拡張になっている．

[2] 重解がある場合

　簡単のため $\lambda = \lambda_1$ のみ k 重解で，残りは単解 (単根) である場合を考える．このとき方程式 (6.1) の斉次方程式は，式 (6.2) の因数分解を考慮すれば

$$(\frac{d}{dx} - \lambda_1)^k (\frac{d}{dx} - \lambda_2) \cdots (\frac{d}{dx} - \lambda_{N-k+1}) y = 0 \tag{6.4}$$

と書ける．いま，演算子の恒等式として

$$\frac{d}{dx} - \lambda = e^{\lambda x} \frac{d}{dx} e^{-\lambda x} \tag{6.5}$$

が成り立つことから

$$(\frac{d}{dx} - \lambda_1)^k = e^{\lambda_1 x} \frac{d^k}{dx^k} e^{-\lambda_1 x} \tag{6.6}$$

と書き換えられる．したがって，k 重解 λ_1 に対応する特殊解が $x^\ell e^{\lambda_1 x} \ (0 \le \ell \le k-1)$ の形で与えられることがわかる．一方，単解 $\lambda_m \ (2 \le m \le N-k+1)$ に対応する特殊解は $e^{\lambda_m x}$ であるから，一般解は

$$\begin{aligned} y &= C_{11} e^{\lambda_1 x} + C_{12} x e^{\lambda_1 x} + \cdots + C_{1k} x^{k-1} e^{\lambda_1 x} \\ &\quad + C_2 e^{\lambda_2 x} + \cdots + C_{N-k+1} e^{\lambda_{N-k+1} x} \end{aligned} \tag{6.7}$$

で与えられる．$C_{1\ell}, C_m \ (\ell = 1, \cdots, k, \ m = 2, \cdots, N-k+1)$ は任意定数である．これは，2 階微分方程式 (3.33) の解 (3.38) の拡張になっている．重解が複数個ある場合でも同様に考えることができる．

例題 **6.1**　3 階線形微分方程式

$$\frac{d^3 y}{dx^3} - 3 \frac{dy}{dx} + 2y = 0 \tag{6.8}$$

の一般解を求めよ．　　　　　　　　　　　　　　　　　　　　　　　　　　　◁

（**解**）方程式 (6.8) に対する特性方程式は

$$\lambda^3 - 3\lambda + 2 = (\lambda - 1)^2(\lambda + 2) = 0 \tag{6.9}$$

となる．したがって，方程式 (6.8) の一般解は

$$y = C_{11}\,e^x + C_{12}\,xe^x + C_2\,e^{-2x} \tag{6.10}$$

で与えられる．C_{11}, C_{12}, C_2 は任意定数である．

6.1.2　非斉次方程式の解

次に，方程式 (6.1) が非斉次である場合の特殊解の導出法について簡単にまとめておこう．

[1] 重解がない場合

方程式 (6.1) は式 (6.2) を用いて

$$(\frac{d}{dx} - \lambda_1)\cdots(\frac{d}{dx} - \lambda_N)y = f(x) \tag{6.11}$$

と因数分解した形に書ける．また，式 (6.5) より $(d/dx - \lambda)$ の逆演算を

$$(\frac{d}{dx} - \lambda)^{-1}f(x) = e^{\lambda x}\int e^{-\lambda x}f(x)\,dx \tag{6.12}$$

で定義する．このとき，非斉次方程式 (6.11) の特殊解 $y_0(x)$ は，形式的な部分分数展開を用いて

$$y_0(x) = \left[\prod_{j=1}^{N}(\frac{d}{dx} - \lambda_j)\right]^{-1}f(x) = B_1 e^{\lambda_1 x}\int e^{-\lambda_1 x}f(x)\,dx$$

$$+ B_2 e^{\lambda_2 x}\int e^{-\lambda_2 x}f(x)\,dx + \cdots + B_N e^{\lambda_N x}\int e^{-\lambda_N x}f(x)\,dx \tag{6.13}$$

で与えられる．ここで B_j は部分分数展開

$$\frac{1}{\prod_{j=1}^{N}(\lambda - \lambda_j)} = \sum_{j=1}^{N}\frac{B_j}{\lambda - \lambda_j} \tag{6.14}$$

の係数で

$$B_j = [(\lambda_j - \lambda_1)\cdots(\lambda_j - \lambda_{j-1})(\lambda_j - \lambda_{j+1})\cdots(\lambda_j - \lambda_N)]^{-1} \tag{6.15}$$

と与えられる.

[2] 重解がある場合

斉次方程式のときと同様,例として $\lambda = \lambda_1$ のみ k 重解で,残りは単解である場合を考える.このとき,方程式 (6.1) は

$$(\frac{d}{dx} - \lambda_1)^k (\frac{d}{dx} - \lambda_2) \cdots (\frac{d}{dx} - \lambda_{N-k+1})y = f(x) \tag{6.16}$$

と書ける.また,式 (6.12) より $(d/dx - \lambda_1)^m$ の逆演算を

$$(\frac{d}{dx} - \lambda_1)^{-m} f(x) \equiv e^{\lambda_1 x} \int \cdots \int e^{-\lambda_1 x} f(x) \, (dx)^m \quad (m = 1, 2, \cdots) \tag{6.17}$$

で定義する.形式的な部分分数展開を用いれば,非斉次方程式 (6.16) の特殊解 $y_0(x)$ は

$$
\begin{aligned}
y_0(x) &= \left[(\frac{d}{dx} - \lambda_1)^k \prod_{j=2}^{N-k+1} (\frac{d}{dx} - \lambda_j) \right]^{-1} f(x) \\
&= \sum_{\ell=0}^{k-1} \frac{1}{\ell!} \frac{\partial^\ell \tilde{B}_1}{\partial \lambda_1^\ell} e^{\lambda_1 x} \int \cdots \int e^{-\lambda_1 x} f(x) \, (dx)^{k-\ell} \\
&\quad + \sum_{j=2}^{N-k+1} \frac{\tilde{B}_j}{(\lambda_j - \lambda_1)^{k-1}} e^{\lambda_j x} \int e^{-\lambda_j x} f(x) \, dx
\end{aligned} \tag{6.18}
$$

で与えられる.ただし $\tilde{B}_j$ は

$$\tilde{B}_j = [(\lambda_j - \lambda_1) \cdots (\lambda_j - \lambda_{j-1})(\lambda_j - \lambda_{j+1}) \cdots (\lambda_j - \lambda_{N-k+1})]^{-1} \tag{6.19}$$

である.

6.2 定数係数連立線形微分方程式

6.2.1 連立微分方程式の例

微分方程式の未知関数が複数個ある場合を,連立微分方程式とよんでいる.例えば,図 6.1 のようにばね (ばね定数 k) でつながれた 3 つの質点 (質量 m) に対する運動方程式は,それぞれの変位を x_i ($i = 1, 2, 3$) として連立微分方程式

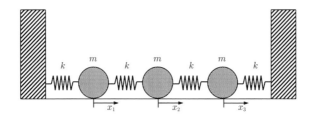

図 **6.1**　ばね (ばね定数 k) でつながれた質量 m の 3 つの質点.

$$
\left.
\begin{aligned}
m\frac{d^2 x_1}{dt^2} &= k(x_2 - x_1) - k\,x_1 \\
m\frac{d^2 x_2}{dt^2} &= k(x_3 - x_2) - k(x_2 - x_1) \\
m\frac{d^2 x_3}{dt^2} &= \qquad -k\,x_3 - k(x_3 - x_2)
\end{aligned}
\right\}
\tag{6.20}
$$

で記述される．この例のように理工学分野における構造計算や多体問題等，現実的な系では多変数に対する連立微分方程式で記述される系も多い (3.5 節例 3.8, 3.9 参照).

　一方で，連立微分方程式は理論的にも重要な役割を担っている．それは，任意の高階微分方程式が 1 階連立微分方程式に書き直せるという事実に依るものである．例えば方程式 (6.20) は 2 階の連立微分方程式であるが，従属変数を増やすことで

$$
\left.
\begin{aligned}
m\frac{dx_1}{dt} = p_1, \quad \frac{dp_1}{dt} &= k(x_2 - x_1) - k\,x_1 \\
m\frac{dx_2}{dt} = p_2, \quad \frac{dp_2}{dt} &= k(x_3 - x_2) - k(x_2 - x_1) \\
m\frac{dx_3}{dt} = p_3, \quad \frac{dp_3}{dt} &= \qquad -k\,x_3 - k(x_3 - x_2)
\end{aligned}
\right\}
\tag{6.21}
$$

のように 1 階の連立微分方程式に書き直すことができる．さらに，次の例題を考えよう.

例題 6.2　正規形の N 階常微分方程式を，1 階 N 元連立常微分方程式に書き直しなさい．　　　　　　　　　　　　　　　　　　　　　　　　　　　　　$\triangleleft$

(**解**)　正規形の N 階常微分方程式は y を従属変数として

$$\frac{d^N y}{dx^N} = F(x, y, \frac{dy}{dx}, \frac{d^2 y}{dx^2}, \cdots, \frac{d^{N-1} y}{dx^{N-1}}) \tag{6.22}$$

と書くことができる．ここで，y に加えて新たな従属変数

$$y_j \equiv \frac{d^j y}{dx^j} \qquad (j = 1, 2, \cdots, N-1) \tag{6.23}$$

を導入することで，式 (6.22) は

$$\left.\begin{array}{l} \dfrac{dy}{dx} = y_1, \quad \dfrac{dy_1}{dx} = y_2, \quad \cdots, \quad \dfrac{d\,y_{N-2}}{dx} = y_{N-1}, \\[2mm] \dfrac{d\,y_{N-1}}{dx} = F(x, y, y_1, y_2, \cdots, y_{N-1}) \end{array}\right\} \tag{6.24}$$

という 1 階 N 元連立常微分方程式に書き直せる．

　したがって，高階方程式を含む微分方程式全体の性質を論じるために，1 階連立微分方程式の性質を理解することが必要となる．

6.2.2　連立方程式の表記と形式解

　1 階連立微分方程式について，まず求積法が適用できる定数係数線形の場合から調べることにする．すなわち，1 階 N 元連立線形微分方程式

$$\frac{dy_i}{dx} = \sum_{j=1}^{N} a_{ij} y_j + b_i(x) \qquad (i = 1, 2, \cdots, N) \tag{6.25}$$

において係数 a_{ij} が実定数である場合について考察しよう．$b_i(x)$ は既知関数とする．行列，ベクトルの表記を用いて

$$\mathbf{y} = \begin{pmatrix} y_1 \\ y_2 \\ \vdots \\ y_N \end{pmatrix}, \quad A = \begin{pmatrix} a_{11} & a_{12} & \cdots & a_{1N} \\ a_{21} & a_{22} & \cdots & a_{2N} \\ \vdots & \vdots & \ddots & \vdots \\ a_{N1} & a_{N2} & \cdots & a_{NN} \end{pmatrix}, \quad \mathbf{b}(x) = \begin{pmatrix} b_1(x) \\ b_2(x) \\ \vdots \\ b_N(x) \end{pmatrix} \tag{6.26}$$

とすれば，式 (6.25) は

$$\frac{d\mathbf{y}}{dx} = A\mathbf{y} + \mathbf{b}(x) \tag{6.27}$$

と表すことができる．ここで，$\mathbf{b}(x) \equiv \mathbf{0}$ の場合を斉次方程式，$\mathbf{b}(x) \neq \mathbf{0}$ の場合を非斉次方程式とよんでいる．

方程式 (6.27) は，1 階線形微分方程式 (2.55) と形式的には同形なので，解 (2.63)
と同形の形式解

$$\mathbf{y} = e^{Ax}\mathbf{C} + e^{Ax}\int^{x} e^{-Ax'}\mathbf{b}(x')\,dx' \tag{6.28}$$

が方程式 (6.27) を満たすことは簡単に確認できる．ただし，行列に対する指数関数は

$$e^{Ax} \equiv I + xA + \frac{x^2}{2!}A^2 + \frac{x^3}{3!}A^3 + \cdots = \sum_{n=0}^{\infty}\frac{x^n}{n!}A^n \tag{6.29}$$

と級数で定義する．I は N 次単位行列である．また，$\mathbf{C}$ は任意定数を成分とする
N 次元ベクトル

$$\mathbf{C} = {}^{t}(c_1, c_2, \cdots, c_N) \tag{6.30}$$

である．$\mathbf{C}$ は N 個の任意定数を含むから式 (6.28) は一般解を与える．方程式 (6.27)
の一般解 (6.28) においても，式 (2.64) で表される線形方程式に対する解の性質が
成り立っている．

6.2.3　斉次方程式の解

ここでは前項で得た形式解 (6.28) に対し，A の固有値，固有ベクトルを用いた
より具体的な表記について考えたい．まず，斉次方程式

$$\frac{d\mathbf{y}}{dx} = A\mathbf{y} \tag{6.31}$$

の一般解

$$\mathbf{y} = e^{Ax}\mathbf{C} \tag{6.32}$$

について議論する．

線形代数の一般論から，任意の N 次行列 A はある正則行列 T を用いて [1] 対
角化可能な場合，[2] 対角化不可能な場合，の 2 通りに分けられることが知られて
いる．以下ではそれぞれの場合について考えることにする．

[1] 対角化可能な場合

行列 A が対角化できる場合，ある正則行列 T を用いて

$$T^{-1}AT = \begin{pmatrix} \lambda_1 & 0 & \ldots & 0 \\ 0 & \lambda_2 & \ldots & 0 \\ \vdots & \vdots & \ddots & \vdots \\ 0 & 0 & \ldots & \lambda_N \end{pmatrix}, \quad T = [\mathbf{u}_1, \mathbf{u}_2, \cdots, \mathbf{u}_N] \tag{6.33}$$

と変換することができる．ここで λ_j，$\mathbf{u}_j$ はそれぞれ A の固有値，固有ベクトルを表し

$$A\mathbf{u}_j = \lambda_j\mathbf{u}_j \quad (j = 1, \cdots, N) \tag{6.34}$$

を満たすとする．

　いま形式解 (6.32) において，任意ベクトル $\mathbf{C}$ に $\mathbf{u}_j$ を代入して得られる特殊解を

$$\mathbf{y}_j(x) = e^{Ax}\mathbf{u}_j = e^{\lambda_j x}\mathbf{u}_j \quad (j = 1, \cdots, N) \tag{6.35}$$

で表す．$\mathbf{y}_j(x)$ は一次独立であるから，これらの線形結合

$$\mathbf{y} = C_1 e^{\lambda_1 x}\mathbf{u}_1 + C_2 e^{\lambda_2 x}\mathbf{u}_2 + \cdots + C_N e^{\lambda_N x}\mathbf{u}_N \tag{6.36}$$

が方程式 (6.31) の一般解の具体的な表記を与える．ここで，C_j は任意定数である．一般解 (6.36) は式 (6.32) の $\mathbf{C}$ に対し，$\mathbf{C} = C_1\mathbf{u}_1 + C_2\mathbf{u}_2 + \cdots + C_N\mathbf{u}_N$ と固有ベクトルを用いて分解したことに相当している．

例題 6.3　2元連立線形微分方程式

$$\frac{d}{dx}\begin{pmatrix} y_1 \\ y_2 \end{pmatrix} = \begin{pmatrix} 4 & -1 \\ 5 & -2 \end{pmatrix}\begin{pmatrix} y_1 \\ y_2 \end{pmatrix} \tag{6.37}$$

の一般解を求めよ．　　　　　　　　　　　　　　　　　　　　　　　　　　$\triangleleft$

(解)　方程式 (6.37) の係数行列の固有値は

$$\begin{vmatrix} \lambda - 4 & 1 \\ -5 & \lambda + 2 \end{vmatrix} = (\lambda - 3)(\lambda + 1) = 0 \tag{6.38}$$

より

$$\lambda_1 = 3, \ \lambda_2 = -1 \tag{6.39}$$

である．また，対応する固有ベクトルはそれぞれ

$$\mathbf{u}_1 = \begin{pmatrix} 1 \\ 1 \end{pmatrix}, \quad \mathbf{u}_2 = \begin{pmatrix} 1 \\ 5 \end{pmatrix} \tag{6.40}$$

で与えられる．したがって一般解は，C_1, C_2 を任意定数として

$$\begin{pmatrix} y_1 \\ y_2 \end{pmatrix} = C_1\, e^{3x}\begin{pmatrix} 1 \\ 1 \end{pmatrix} + C_2\, e^{-x}\begin{pmatrix} 1 \\ 5 \end{pmatrix} \tag{6.41}$$

で与えられる.

[2] 対角化不可能な場合

行列 A が対角化できない場合には，ある正則行列 T を用いて **Jordan (ジョルダン) 標準形**

$$T^{-1}AT = \begin{pmatrix} J_{n_1}(\lambda_1) & 0 & \ldots & 0 \\ 0 & J_{n_2}(\lambda_2) & \ldots & 0 \\ \vdots & \vdots & \ddots & \vdots \\ 0 & 0 & \ldots & J_{n_k}(\lambda_k) \end{pmatrix} \tag{6.42}$$

に変換できることが知られている. ここで $J_m(\lambda)$ は m 次 Jordan 細胞

$$J_m(\lambda) = \begin{pmatrix} \lambda & 1 & 0 & \ldots & 0 \\ 0 & \lambda & 1 & \ldots & 0 \\ \vdots & \vdots & \ddots & \ddots & \vdots \\ 0 & 0 & \ldots & \lambda & 1 \\ 0 & 0 & & \ldots & \lambda \end{pmatrix} \tag{6.43}$$

を表す $(n_1 + n_2 + \cdots + n_k = N)$. また，固有値 λ_j $(1 \leq j \leq k)$ は必ずしもすべて異なる必要はない. まず，簡単な例題を考えよう.

例題 6.4 A が Jordan 標準形に変換できる場合で $N = n_1 = 3$ のとき，すなわち

$$T^{-1}AT = \begin{pmatrix} \lambda & 1 & 0 \\ 0 & \lambda & 1 \\ 0 & 0 & \lambda \end{pmatrix} \tag{6.44}$$

となる場合に，式 (6.31) の一般解を求めよ.　　　　　　　　　　　　　　　　$\triangleleft$

(解) $T = [\mathbf{u}_1, \mathbf{u}_2, \mathbf{u}_3]$ と書けば，式 (6.44) は

$$A\,[\mathbf{u}_1, \mathbf{u}_2, \mathbf{u}_3] = [\mathbf{u}_1, \mathbf{u}_2, \mathbf{u}_3] \begin{pmatrix} \lambda & 1 & 0 \\ 0 & \lambda & 1 \\ 0 & 0 & \lambda \end{pmatrix} \tag{6.45}$$

と書ける. すなわち

146   6   高階微分方程式と連立微分方程式

$$A\,\mathbf{u}_1 = \lambda\mathbf{u}_1 \qquad\qquad (A - \lambda I)\,\mathbf{u}_1 = \mathbf{0} \qquad\qquad (6.46)$$

$$A\,\mathbf{u}_2 = \lambda\mathbf{u}_2 + \mathbf{u}_1 \quad\Rightarrow\quad (A - \lambda I)\,\mathbf{u}_2 = \mathbf{u}_1 \qquad\qquad (6.47)$$

$$A\,\mathbf{u}_3 = \lambda\mathbf{u}_3 + \mathbf{u}_2 \qquad\qquad (A - \lambda I)\,\mathbf{u}_3 = \mathbf{u}_2 \qquad\qquad (6.48)$$

が成り立っている (このとき，$\mathbf{u}_1, \mathbf{u}_2, \mathbf{u}_3$ を一般化固有ベクトルとよんでいる).
まず式 (6.35), (6.46) より

$$\mathbf{y}_1(x) \equiv e^{Ax}\mathbf{u}_1 = e^{\lambda x}\mathbf{u}_1 \qquad\qquad (6.49)$$

は斉次方程式 (6.31) の 1 つの特殊解を与える．さらに，

$$\begin{aligned}
\mathbf{y}_2(x) &\equiv e^{Ax}\mathbf{u}_2 = e^{\lambda x}e^{(A-\lambda I)x}\mathbf{u}_2 \\
&= e^{\lambda x}[I + x(A - \lambda I)]\,\mathbf{u}_2 = e^{\lambda x}(\mathbf{u}_2 + x\,\mathbf{u}_1) \qquad (6.50) \\
\mathbf{y}_3(x) &\equiv e^{Ax}\mathbf{u}_3 = e^{\lambda x}e^{(A-\lambda I)x}\mathbf{u}_3 \\
&= e^{\lambda x}[I + x(A - \lambda I) + \frac{x^2}{2!}(A - \lambda I)^2]\,\mathbf{u}_3 \\
&= e^{\lambda x}(\mathbf{u}_3 + x\,\mathbf{u}_2 + \frac{x^2}{2!}\mathbf{u}_1) \qquad (6.51)
\end{aligned}$$

がそれぞれ特殊解を与えるから，一般解は C_1, C_2, C_3 を任意定数として

$$\mathbf{y} = C_1 e^{\lambda x}\mathbf{u}_1 + C_2 e^{\lambda x}(\mathbf{u}_2 + x\,\mathbf{u}_1) + C_3 e^{\lambda x}(\mathbf{u}_3 + x\,\mathbf{u}_2 + \frac{x^2}{2!}\mathbf{u}_1) \qquad (6.52)$$

で与えられる．

この例題 6.4 を参考にすると，行列 A が式 (6.42) のように Jordan 標準形に変換
できる場合，斉次方程式 (6.31) の一般解は以下のように与えられることがわかる．

$$\mathbf{y} = \mathbf{y}_{(1)} + \mathbf{y}_{(2)} \cdots + \mathbf{y}_{(k)} \qquad\qquad (6.53)$$

$$\begin{aligned}
\mathbf{y}_{(j)} &= C_{j1}e^{Ax}\mathbf{u}_{j1} + C_{j2}e^{Ax}\mathbf{u}_{j2} + \cdots + C_{jn_j}e^{Ax}\mathbf{u}_{jn_j} \\
&= C_{j1}e^{\lambda_j x}\mathbf{u}_{j1} + C_{j2}e^{\lambda_j x}(\mathbf{u}_{j2} + x\,\mathbf{u}_{j1}) \\
&\quad + \cdots \\
&\quad + C_{jn_j}e^{\lambda_j x}(\mathbf{u}_{jn_j} + x\,\mathbf{u}_{jn_j-1} + \cdots + \frac{x^{n_j-1}}{(n_j-1)!}\mathbf{u}_{j1}) \qquad (6.54)
\end{aligned}$$

ここで，C_{ji} は任意定数，λ_j は重複度を n_j とする固有値，またそれに対応する一般化固有ベクトル $\mathbf{u}_{ji}$ は

$$(A - \lambda_j I)\mathbf{u}_{ji} = \mathbf{u}_{ji-1}, \quad \mathbf{u}_{j0} = \mathbf{0} \ (1 \le i \le n_j, \ 1 \le j \le k) \tag{6.55}$$

を満たすとする．一般化固有ベクトルに対しては

$$e^{Ax}\mathbf{u}_{ji} = e^{\lambda_j x}(\mathbf{u}_{ji} + x\,\mathbf{u}_{ji-1} + \cdots + \frac{x^{i-1}}{(i-1)!}\,\mathbf{u}_{j1}) \tag{6.56}$$

が成り立つので，解 (6.53) は解 (6.32) において任意ベクトル $\mathbf{C}$ を一般化固有ベクトル $\mathbf{u}_{ji}$ を用いて

$$\mathbf{C} = \sum_{j=1}^{k}\sum_{i=1}^{n_j} C_{ji}\mathbf{u}_{ji} \tag{6.57}$$

と分解したことに相当する．

注意 6.1　斉次方程式 (6.31) の解は式 (6.36), (6.53), (6.54) で与えられるが，その各成分は

$$x^m e^{\mu x}\cos\nu x, \quad x^m e^{\mu x}\sin\nu x \tag{6.58}$$

という関数形の線形結合のみから構成されていることがわかる．ここで，m は非負整数，μ, ν は実数である． ◁

6.2.4　非斉次方程式の解

前項では斉次方程式の一般解 (6.32) の表記について考えたが，ここでは形式解 (6.28) の右辺第 2 項，すなわち非斉次方程式の特殊解に対する具体的な表記について考えよう．前項と同様 [1] 対角化可能な場合，[2] 対角化不可能な場合，の 2 通りの場合に分けて考えるとする．

[1] 対角化可能な場合

方程式 (6.27) の非斉次項が行列 A の固有ベクトルによって

$$\mathbf{b}(x) = \sum_{j=1}^{N} b'_j(x)\,\mathbf{u}_j \tag{6.59}$$

と分解できるとする．式 (6.59) と斉次方程式の解 (6.36) を式 (6.28) に代入し，解の具体的な表記

$$\mathbf{y} = \sum_{j=1}^{N} C_j e^{\lambda_j x} \mathbf{u}_j + \sum_{j=1}^{N} \mathbf{u}_j e^{\lambda_j x} \int^x e^{-\lambda_j x'} b'_j(x')\, dx' \qquad (6.60)$$

が得られる.

[2] 対角化不可能な場合

　行列 A が対角化できない場合には，式 (6.55) を満たす一般化固有ベクトルを用いることで，方程式 (6.27) の非斉次項を

$$\mathbf{b}(x) = \sum_{j=1}^{k} \sum_{i=1}^{n_j} b'_{ji}(x) \mathbf{u}_{ji} \qquad (6.61)$$

と分解できるとする．これを解 (6.28) に代入して

$$\mathbf{y} = \mathbf{y}_{(1)} + \mathbf{y}_{(2)} \cdots + \mathbf{y}_{(k)} + \mathbf{y}_{0(1)} + \mathbf{y}_{0(2)} \cdots + \mathbf{y}_{0(k)} \qquad (6.62)$$

を得る．ただし，$\mathbf{y}_{(j)}$ は式 (6.54) で与えられ，$\mathbf{y}_{0(j)}$ は

$$\mathbf{y}_{0(j)} = \int^x dx' e^{\lambda_j(x-x')} \{ b'_{j1}(x')\mathbf{u}_{j1} + b'_{j2}(x')[\mathbf{u}_{j2} + (x-x')\,\mathbf{u}_{j1}]$$
$$+ \cdots$$
$$+ b'_{jn_j}(x')[\mathbf{u}_{jn_j} + (x-x')\,\mathbf{u}_{jn_j-1} + \cdots + \frac{(x-x')^{n_j-1}}{(n_j-1)!}\,\mathbf{u}_{j1}]\} \quad (6.63)$$

で与えられる.

例題 6.5　2 元連立線形微分方程式

$$\frac{d}{dx}\begin{pmatrix} y_1 \\ y_2 \end{pmatrix} = \begin{pmatrix} 4 & -1 \\ 5 & -2 \end{pmatrix}\begin{pmatrix} y_1 \\ y_2 \end{pmatrix} + x\begin{pmatrix} 2 \\ 4 \end{pmatrix} \qquad (6.64)$$

の一般解を求めよ.　　　　　　　　　　　　　　　　　　　　　　　◁

(解)　方程式 (6.64) の係数行列に対する固有値，固有ベクトルは式 (6.39), (6.40) で与えられている．このとき，方程式 (6.64) の非斉次項は固有ベクトル $\mathbf{u}_1, \mathbf{u}_2$ を用いて

$$x\begin{pmatrix} 2 \\ 4 \end{pmatrix} = \frac{x}{2}(3\mathbf{u}_1 + \mathbf{u}_2) \qquad (6.65)$$

と表すことができる．したがって，式 (6.59) において，$b'_1(x) = 3x/2, b'_2(x) = x/2$ となるから，式 (6.60) 内の積分が

$$e^{\lambda_1 x} \int^x e^{-\lambda_1 x'} b'_1(x')\,dx' = \frac{-1}{2}\left(x + \frac{1}{3}\right)$$

$$e^{\lambda_2 x} \int^x e^{-\lambda_2 x'} b'_2(x')\,dx' = \frac{1}{2}(x - 1) \tag{6.66}$$

で与えられる．よって，一般解は，C_1, C_2 を任意定数として

$$\begin{pmatrix} y_1 \\ y_2 \end{pmatrix} = C_1\, e^{3x} \begin{pmatrix} 1 \\ 1 \end{pmatrix} + C_2\, e^{-x} \begin{pmatrix} 1 \\ 5 \end{pmatrix} + x \begin{pmatrix} 0 \\ 2 \end{pmatrix} - \frac{2}{3} \begin{pmatrix} 1 \\ 4 \end{pmatrix} \tag{6.67}$$

で与えられる．

6.3　変数係数連立線形微分方程式

6.3.1　方程式の定義

前節で述べたように，任意の常微分方程式は 1 階常微分方程式の形に書き直せる．したがって，変数係数の場合を含む任意の線形常微分方程式は次の 1 階連立線形微分方程式

$$\frac{dy_i}{dx} = \sum_{j=1}^{N} a_{ij}(x)y_j + b_i(x) \qquad (i = 1, 2, \cdots, N) \tag{6.68}$$

に書き直すことができる．ただし，$a_{ij}(x)$ は x の関数とする．6.2 節と同様に，行列，ベクトルによる表記

$$\mathbf{y} = \begin{pmatrix} y_1 \\ y_2 \\ \vdots \\ y_N \end{pmatrix},\ A(x) = \begin{pmatrix} a_{11}(x) & a_{12}(x) & \dots & a_{1N}(x) \\ a_{21}(x) & a_{22}(x) & \dots & a_{2N}(x) \\ \vdots & \vdots & \ddots & \vdots \\ a_{N1}(x) & a_{N2}(x) & \dots & a_{NN}(x) \end{pmatrix},\ \mathbf{b}(x) = \begin{pmatrix} b_1(x) \\ b_2(x) \\ \vdots \\ b_N(x) \end{pmatrix} \tag{6.69}$$

を用いれば，式 (6.68) は

$$\frac{d\mathbf{y}}{dx} = A(x)\mathbf{y} + \mathbf{b}(x) \tag{6.70}$$

と書くことができる．ここで，$\mathbf{b}(x)=\mathbf{0}$ の場合を斉次方程式，$\mathbf{b}(x) \neq \mathbf{0}$ の場合を非斉次方程式とよぶのは定数係数の場合と同様である．

一般に方程式 (6.68) の解を求めることは難しいため，ここでは，方程式から規定される解の性質について調べたい．ただし，それらの諸性質は任意の線形常微

分方程式に共通の性質でもあることに注意しよう. まず, 方程式 (6.68) に解が存在するための条件について以下のことが知られている.

定理 6.1 ある開区間 $\alpha < x < \beta$ においてすべての係数 $a_{ij}(x)$, $b_i(x)$ $(i, j = 1, 2, \cdots, N)$ が連続かつ有界であれば, 与えられた初期条件を満たす式 (6.68) の唯一の解 y_i が存在する.

また 4 章の定理 4.1 では, 変数係数 2 階線形常微分方程式の解が Taylor 級数で書けるための条件を示した. この定理を拡張すれば, 方程式 (6.68) の解が Taylor 級数で表されるための条件として次のことがいえる.

定理 6.2 方程式 (6.68) の係数 $a_{ij}(x)$, $b_i(x)$ $(i, j = 1, 2, \cdots, N)$ が $x = a$ で Talyor 展開可能あれば, Taylor 級数で表される解

$$y_i = c_{i0} + c_{i1}(x - a) + c_{i2}(x - a)^2 + c_{i3}(x - a)^3 + \cdots \quad (i = 1, 2, \cdots, N) \quad (6.71)$$

が存在する.

6.3.2 線形斉次方程式の性質のまとめ

ここでは線形代数の知識を援用して, 連立微分方程式 (6.68) の斉次方程式

$$\frac{d\mathbf{y}}{dx} = A(x)\,\mathbf{y} \quad (6.72)$$

の諸性質についてまとめることにしよう.

(1) 重ね合わせの原理

$\mathbf{y}_1(x), \mathbf{y}_2(x), \cdots, \mathbf{y}_m(x)$ が式 (6.72) の既知の解であれば, C_j をスカラー定数とする任意の線形結合

$$\mathbf{y}(x) = C_1\mathbf{y}_1(x) + C_2\mathbf{y}_2(x) + \cdots + C_m\mathbf{y}_m(x) \quad (6.73)$$

も式 (6.72) の解となる. 線形斉次方程式のもつこの性質を重ね合わせの原理とよぶ.

(2) 零ベクトル解

恒等的な零ベクトル

$$\mathbf{O}(x) \equiv \mathbf{0} \quad (6.74)$$

は式 (6.72) の解である. 解の唯一性から, もし式 (6.72) の解 $\mathbf{y}_0(x)$ がある一点 $x = x_0$ において

$$\mathbf{y}_0(x_0) = \mathbf{0} \tag{6.75}$$

であれば, $\mathbf{y}_0(x) = \mathbf{O}(x)$ である. したがって, $\mathbf{O}(x)$ と異なる解は定義域内のいかなる点においても $\mathbf{0}$ とはならない.

(3) 基本解

式 (6.72) の N 個の 1 次独立な解の組 $\{\mathbf{y}_1(x), \mathbf{y}_2(x), \cdots, \mathbf{y}_N(x)\}$ を基本解とよんでいる. 基本解の 1 次結合

$$\mathbf{y}(x) = C_1\mathbf{y}_1(x) + C_2\mathbf{y}_2(x) + \cdots + C_N\mathbf{y}_N(x) \tag{6.76}$$

は任意の初期条件を構成できる. すなわち, これが一般解を与える.

(4) ロンスキアン

式 (6.72) の N 個の解を並べて作った行列 $Y(x)$

$$Y(x) = (\mathbf{y}_1(x), \mathbf{y}_2(x), \cdots, \mathbf{y}_N(x)) \tag{6.77}$$

は式 (6.72) より

$$\frac{dY(x)}{dx} = A(x)Y(x) \tag{6.78}$$

を満たす. ただし $A(x)$ は式 (6.69) で与えられている. このとき

$$\frac{d}{dx}\log\{\det[Y(x)]\} = \operatorname{tr}A(x) \tag{6.79}$$

なる関係が知られているので, $Y(x)$ の行列式 (ロンスキアン) に関して

$$\det[Y(x)] = \det[Y(x_0)]\exp\left[\int_{x_0}^{x}\operatorname{tr}A(x')dx'\right] \tag{6.80}$$

が成り立つ. これはロンスキアンに対する式 (4.4) の拡張になっている. 式 (6.80) から, 解の組 $\{\mathbf{y}_1(x), \mathbf{y}_2(x), \cdots, \mathbf{y}_N(x)\}$ がある一点 $x = x_0$ で $\det[Y(x_0)] = 0$ なら全定義域で 1 次従属となる. 逆にある一点で $\det[Y(x_0)] \neq 0$ ならば全定義域で 1 次独立となる.

6.3.3 線形非斉次方程式の性質のまとめ

非斉次方程式 (6.70) ついて，その一般的性質をまとめておく．

(1) 非斉次方程式の一般解
非斉次方程式 (6.70) の一般解についても，式 (2.64) の関係が成り立っている．
すなわち，斉次方程式 (6.72) の一般解に非斉次方程式 (6.70) の特殊解を加え
た形で与えられる．

(2) (非斉次方程式に対する) 重ね合わせの原理
式 (6.70) の非斉次項 $\mathbf{b}(x)$ がいくつかの項の和

$$\mathbf{b}(x) = \sum_{j=1}^{m} \mathbf{b}_j(x) \tag{6.81}$$

で書かれるとき，$\mathbf{y}_{0j}(x)$ がそれぞれ

$$\frac{d\mathbf{y}_{0j}(x)}{dx} = A(x)\mathbf{y}_{0j}(x) + \mathbf{b}_j(x) \tag{6.82}$$

を満たすとする．このとき

$$\mathbf{y}(x) = \sum_{j=1}^{m} \mathbf{y}_{0j}(x) \tag{6.83}$$

は式 (6.81) で与えられる $\mathbf{b}(x)$ を非斉次項とする方程式 (6.70) の特殊解を与
える．

6.4 解の存在と一意性の定理

任意の常微分方程式は 1 階連立微分方程式に変換できるので，正規形に限れば，
連立微分方程式，

$$\left. \begin{aligned} \frac{dy_1}{dx} &= F_1(x, y_1, y_2, \cdots, y_N) \\ \frac{dy_2}{dx} &= F_2(x, y_1, y_2, \cdots, y_N) \\ &\cdots\cdots \\ \frac{dy_N}{dx} &= F_N(x, y_1, y_2, \cdots, y_N) \end{aligned} \right\} \tag{6.84}$$

が最も広いクラスの常微分方程式を表していると考えてよい. ここで $F_1, \cdots, F_N$ は与えられた関数であるとする. この方程式の解が存在するための条件を考えよう.

1 変数に対する常微分方程式

$$\frac{dy}{dx} = f(x, y) \tag{6.85}$$

に対しては 2 章 2.7.5 項において, $f(x, y)$ が C^1 級の 1 価関数であれば唯一の解が存在することを述べた. 同様にして方程式 (6.84) の解の存在条件については以下の定理が成り立つ.

定理 6.3 微分方程式 (6.84) の $F_1, \cdots, F_N$ は $(x, y_1, \cdots, y_N)$ 空間内の開領域 Ω で定義され, 連続かつ有界であると仮定する. さらに

$$\frac{\partial}{\partial y_j} F_i(x, y_1, \cdots, y_N) \quad (i, j = 1, \cdots, N) \tag{6.86}$$

のすべてが領域 Ω 内で連続かつ有界であれば, Ω 内の任意の点 $(x_0, y_{10}, \cdots, y_{N0})$ を初期値とする唯一の解 $(y_1(x), \cdots, y_N(x))$ が存在する.

例えば, 方程式 (6.68) は式 (6.84) において

$$F_i = \sum_{j=1}^{N} a_{ij}(x) y_j + b_i(x) \quad (i = 1, 2, \cdots, N) \tag{6.87}$$

とした場合に対応している. したがって, $a_{ij}(x)$, $b_i(x)$ が定義域内において連続かつ有界であれば, F_i と $\partial_{y_j} F_i$ が連続かつ有界となる. すなわち, 定理 6.1 は定理 6.3 から導出されることがわかる.

7 微分方程式の平衡点と安定性

本章では解の関数形を求める代わりに，幾何学的手法によって解全体の定性的振る舞いを考察する手法 (定性的理論) について述べる．これは，前章までに扱ってきた求積法や級数解法が適用できない系に対し，解のグラフ (解曲線) を作図することで，解全体の振る舞いを推測する手法である．すなわち，解曲線の幾何学的特徴から系の定性的特徴を明らかにする手法で，Poincaré (ポアンカレ) による3体問題研究にその端を発している．

7.1 相空間と相図

本章では解の関数形を求めるのが難しい問題に対し，作図によって解の定性的振る舞いを考察する手法 (定性的理論) について論じる．前章で考察した，1階 N 元連立微分方程式

$$\frac{d\mathbf{y}}{dt} = \mathbf{f}(\mathbf{y}), \quad \mathbf{y} = \begin{pmatrix} y_1(t) \\ y_2(t) \\ \vdots \\ y_N(t) \end{pmatrix}, \quad \mathbf{f}(\mathbf{y}) = \begin{pmatrix} f_1(\mathbf{y}) \\ f_2(\mathbf{y}) \\ \vdots \\ f_N(\mathbf{y}) \end{pmatrix} \tag{7.1}$$

を考察対象とするが，$\mathbf{f}(\mathbf{y})$ は一般的な場合と違って独立変数 t に陽に依らないと仮定する．このような系を**自励系** (自律系) とよんでいる．逆に $\mathbf{f}$ が陽に t に依存する系を**非自励系** (非自律系) とよぶ．加えて，解の存在定理 6.3 を満たすように，各成分 $f_i(\mathbf{y})$ とその偏導関数 $\partial_{y_j} f_i(\mathbf{y})$ $(1 \leq i, j \leq N)$ が，考える領域において有界かつ連続であると仮定する．

自励系 (7.1) に対する定性的理論を考察するにあたり，必要な言葉をいくつか定義しておこう．方程式 (7.1) の解 $\mathbf{y}(t)$ が定義される N 次元空間 $\mathbf{R}^N$ の部分空間を**相空間**という．そのとき解は，t を媒介変数とする相空間内の (方向付き) 曲線で表されると解釈する．それを**解曲線**あるいは (解) 軌道とよんでいる．また，相空間内に解曲線全体，あるいはその概形を描いたものを**相図**とよぶ．

定性的理論とは与えられた微分方程式の相図を得て，そこから系の性質を読み取る手法であるといえる．まず例として，すでに解の関数形がわかっている問題の相図をいくつか表示してみよう．

例 7.1 [相図の例 1]　方程式

$$\frac{d}{dt}\begin{pmatrix} y_1 \\ y_2 \end{pmatrix} = \begin{pmatrix} 0 & 1 \\ -1 & 0 \end{pmatrix}\begin{pmatrix} y_1 \\ y_2 \end{pmatrix} \tag{7.2}$$

の一般解は

$$\begin{pmatrix} y_1 \\ y_2 \end{pmatrix} = C\begin{pmatrix} \cos(t-t_0) \\ -\sin(t-t_0) \end{pmatrix} \tag{7.3}$$

で与えられる．C と t_0 は任意定数である．この解の解曲線を相空間の (y_1, y_2) 平面に描けば，図 7.1(a) のような相図が得られる．解曲線はすべて原点を中心とする同心円 $(y_1^2 + y_2^2 = C^2)$ で，解曲線上の矢印は独立変数 t の増加とともに解曲線上の点が動く方向を示している．

一方，これまで特に断りがなければ，解は 1 章の図 1.1 のように表示することが多かった．すなわち，独立変数と全従属変数を併せた空間中のグラフとして表示する方法である (図 7.1(b))．図 7.1(b) 中の実線は $t_0 = 0$ の場合に対応したグラフであり，方程式 (7.2) の解は時間発展とともに螺旋を描くことがわかる．任意定数 t_0 を変化させると，それに対応して円筒面上を埋め尽くす解曲線群が得られる (点線や破線でその一部を示した)．

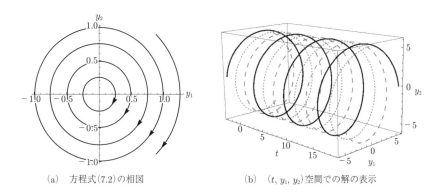

(a)　方程式(7.2)の相図　　　　(b)　(t, y_1, y_2) 空間での解の表示

図 **7.1**　方程式 (7.2) の相図と (t, y_1, y_2) 空間での解の表示．

これに対し，相図 7.1(a) は (t, y_1, y_2) 空間での表示を (y_1, y_2) 平面に射影することで得られるため，解曲線は t_0 の違いを反映しない．すなわち，相図では従属変数の変動のみ表示され，その独立変数依存性は省略される．その代わり，相図の表示には従属変数の自由度分 (N 次元) のみで済むという利点がある．　　◁

例 7.2 [相図の例 2]　方程式

$$\frac{d}{dt}\begin{pmatrix} y_1 \\ y_2 \end{pmatrix} = \begin{pmatrix} 0 & 1 \\ 1 & 0 \end{pmatrix}\begin{pmatrix} y_1 \\ y_2 \end{pmatrix} \tag{7.4}$$

の一般解は

$$\begin{pmatrix} y_1 \\ y_2 \end{pmatrix} = \begin{cases} C\begin{pmatrix} \cosh(t-t_0) \\ \sinh(t-t_0) \end{pmatrix} \text{あるいは} \quad C\begin{pmatrix} \sinh(t-t_0) \\ \cosh(t-t_0) \end{pmatrix} \\ \pm\begin{pmatrix} e^{t-t_0} \\ e^{t-t_0} \end{pmatrix} \text{あるいは} \quad \pm\begin{pmatrix} e^{-(t-t_0)} \\ -e^{-(t-t_0)} \end{pmatrix} \end{cases} \tag{7.5}$$

で与えられる．C と t_0 は任意定数である．この解の解曲線を相空間 (y_1, y_2) 平面に描けば，図 7.2 のような相図が得られる．解曲線は双曲線 ($y_1^2 - y_2^2 = \pm C^2$, 式 (7.5) の上段) と，直線 ($y_2 = \pm y_1$, 式 (7.5) の下段) からなる．解曲線上の矢印は図 7.1(a) と同様に，独立変数 t の増加とともに解曲線上の点が動く方向を示している．　　◁

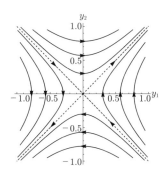

図 **7.2**　方程式 (7.4) の相図.

注意 7.1 定性的理論はもともとハミルトン力学系に対する解析手法として発展したため，ハミルトン力学系の用語，概念が使われているが，元来の定義との間にずれがあるので注意が必要である．例えば，N 自由度ハミルトン力学系では一般化座標 Q_i と一般化運動量 P_i に対する $2N$ 次元空間を相空間として定義している．一方，方程式 (7.1) の相空間は単に従属変数のなす N 次元空間 $\mathbf{R}^N$ という意味で用いられる． ◁

7.2　解曲線と平衡点

7.2.1　解曲線の特徴

ここで，解曲線の一般的特徴を見ていこう．方程式 (7.1) では，$\mathbf{f}$ が t に陽に依らないとしているので，変数変換 $t \to t'(= t - t_0)$ によって方程式が不変となり，次のことがいえる．

定理 7.1 $\mathbf{y}(t)$ が方程式 (7.1) の解であれば，$\mathbf{y}(t - t_0)$ $(t_0 \in \mathbf{R})$ も解となる．

$t_0 \neq 0$ であれば，$\mathbf{y}(t)$ と $\mathbf{y}(t - t_0)$ は方程式 (7.1) の異なる解を与える．一方，相空間中で t $(-\infty \leq t \leq \infty)$ は媒介変数として扱われるので，$\mathbf{y}(t)$ が与える解曲線と $\mathbf{y}(t - t_0)$ が与える解曲線は一致する．このことから，解曲線の性質に対する次の 2 つの定理が導出される．

定理 7.2 $\mathbf{y}_1(t)$, $\mathbf{y}_2(t)$ はそれぞれ方程式 (7.1) の解であるとする．このとき対応する 2 つの解曲線は交点をもたないか，あるいは完全に一致するかのどちらかである．

定理 7.3 $\mathbf{y}_1(t)$ が方程式 (7.1) の解であるとし，ある点で自身と交わるとする．すなわち，

$$\mathbf{y}_1(t_1) = \mathbf{y}_1(t_2) \ (t_1 \neq t_2), \tag{7.6}$$

が成り立つとする．このとき，$\mathbf{y}_1(t)$ は周期解か平衡点 (7.2.2 節参照) のいずれかである．

結局，定理 7.2, 7.3 により解曲線は互いに交わらない曲線，閉曲線，点 (平衡点) のいずれかに限定される．

7.2.2　平衡点と安定性

方程式 (7.1) において，$f(a) = 0$ を満たす解 $y = a$ を**平衡点**とよぶ．平衡点は それ一点で解曲線をなす (定理 7.3)．さらに，平衡点とそのまわりの解曲線 $y(t)$ について次の関係がある．

定理 7.4 方程式 (7.1) の解 $y(t)$ に対し，もし $\lim_{t \to \infty} y(t) = a$ (あるいは $\lim_{t \to -\infty} y(t) = a$) であれば $f(a) = 0$, すなわち a は平衡点である．

定理 7.4 はもし解曲線が $t \to \pm\infty$ で相空間内のある点に漸近するならば，それは 平衡点に他ならないことを意味している．あるいは，平衡点でない点に解曲線の 端点が漸近することはないということもできる．したがって，平衡点まわりの解 曲線の幾何学的特徴を知ることは相図作成において重要な要素となる．

また，解曲線が平衡点近傍に長時間留まるか否かによって，次のような分類が 行われる．

定義 7.1 (平衡点の安定性)　$y = a$ を方程式 (7.1) の平衡点とする．このとき，

(1) a が**安定**であるとは，任意の (小さな) 正の実数 ϵ に対しある正の実数 δ が選 べて，もし $|y(0) - a| < \delta$ であれば

$$|y(t) - a| < \epsilon \quad (t > 0)$$

が成り立つようにできる場合をいう．
(2) a が**漸近安定**であるとは，$|y(0) - a| < \delta$ であるとき

$$\lim_{t \to \infty} y(t) = a$$

が成り立つ δ が存在する場合をいう．
(3) 安定ではないとき a は**不安定**であるという．

例を挙げよう．

例 7.3　例 7.1 の平衡点 $y = (0,0)$ は安定であり，例 7.2 の平衡点 $y = (0,0)$ は不 安定である．　　　　　　　　　　　　　　　　　　　　　　　　　　　　　　◁

　平衡点の安定性を判別するため，以下に述べる線形化方程式を用いた手法が確立している．まず，方程式 (7.1) の平衡点 $\mathbf{a}$ の近傍の振る舞いを考えるため，$\mathbf{y} = \mathbf{a} + \mathbf{x}$（$\mathbf{x} = {}^t(x_1, x_2, \cdots, x_n), |x_j| \ll 1$）として $\mathbf{f}(\mathbf{y})$ に代入すると，$\mathbf{f}$ の各成分に対し

$$f_i(\mathbf{a} + \mathbf{x}) = f_i(\mathbf{a}) + \sum_{j=1}^{N} \frac{\partial f_i}{\partial y_j}(\mathbf{a}) \, x_j + g_i(\mathbf{x}) \quad (i = 1, 2, \cdots, N) \tag{7.7}$$

を得る．ここで $\mathbf{a}$ は平衡点であるから $f_i(\mathbf{a}) = 0$，また $g_i(\mathbf{x})$ は

$$\lim_{\mathbf{x} \to \mathbf{0}} g_i(\mathbf{x})/|\mathbf{x}| = \mathbf{0} \quad (\text{あるいは，} g_i(\mathbf{x}) = o(|\mathbf{x}|)) \tag{7.8}$$

を満たす余剰項である[*1]．$\mathbf{x}$ が十分小さく余剰項 $g_i(\mathbf{x})$ を無視できるとすれば，式 (7.7) を方程式 (7.1) に代入して，$\mathbf{x}$ に対する定数係数連立線形微分方程式

$$\frac{d\mathbf{x}}{dt} = A\mathbf{x} \tag{7.9}$$

が得られる．ただし

$$A = \frac{\partial \mathbf{f}}{\partial \mathbf{y}}(\mathbf{a}) = \begin{pmatrix} \dfrac{\partial f_1}{\partial y_1}(\mathbf{a}) & \dfrac{\partial f_1}{\partial y_2}(\mathbf{a}) & \dots & \dfrac{\partial f_1}{\partial y_n}(\mathbf{a}) \\ \vdots & \vdots & \ddots & \vdots \\ \dfrac{\partial f_n}{\partial y_1}(\mathbf{a}) & \dfrac{\partial f_n}{\partial y_2}(\mathbf{a}) & \dots & \dfrac{\partial f_n}{\partial y_n}(\mathbf{a}) \end{pmatrix} \tag{7.10}$$

で与えられる．方程式 (7.9) を方程式 (7.1) の線形化方程式とよんでいる．行列 A の固有値によって，方程式 (7.1) の平衡点 $\mathbf{y} = \mathbf{a}$ の安定性を次のように判別できる．

定理 7.5 A の固有値（$\lambda_j = \mu_j + \mathrm{i}\nu_j$）の実部の最大値を $\mu_{\max}(= \max\limits_{1 \leq j \leq N}\{\mu_j\})$ とする．平衡点 $\mathbf{y} = \mathbf{a}$ は
(1) $\mu_{\max} < 0$ であれば漸近安定
(2) $\mu_{\max} > 0$ であれば不安定
である．

例題 7.1　連立微分方程式

$$\frac{d}{dt}\begin{pmatrix} y_1 \\ y_2 \end{pmatrix} = \begin{pmatrix} y_1(y_2 - 1) \\ y_1^2 - y_2 \end{pmatrix} \tag{7.11}$$

[*1]　方程式 (7.1) の $\mathbf{f}(\mathbf{y})$ に対する仮定（各 y_i に対する 1 階偏導関数が連続）からこの展開式が導出される．2 階以上の偏導関数が存在する場合には，通常の Taylor 展開が適用できる．

の平衡点まわりの安定性を論ぜよ. ◁

(解) 方程式 (7.11) の平衡点は, $(y_1, y_2) = (0,0), (1,1), (-1,1)$ である. また, 方程式 (7.11) の線形化方程式における係数行列は

$$A = \begin{pmatrix} y_2 - 1 & y_1 \\ 2y_1 & -1 \end{pmatrix} \tag{7.12}$$

で与えられるから, 平衡点の安定性は以下のようになる.

- $(y_1, y_2) = (0,0) \rightarrow$ 漸近安定

$$A = \begin{pmatrix} -1 & 0 \\ 0 & -1 \end{pmatrix} \text{ の固有値は } \lambda_1 = \lambda_2 = -1 \tag{7.13}$$

- $(y_1, y_2) = (1,1) \rightarrow$ 不安定

$$A = \begin{pmatrix} 0 & 1 \\ 2 & -1 \end{pmatrix} \text{ の固有値は } \lambda_1 = 1, \ \lambda_2 = -2 \tag{7.14}$$

- $(y_1, y_2) = (-1,1) \rightarrow$ 不安定

$$A = \begin{pmatrix} 0 & -1 \\ -2 & -1 \end{pmatrix} \text{ の固有値は } \lambda_1 = 1, \ \lambda_2 = -2 \tag{7.15}$$

定理 7.5 において, A の固有値が $\mu_{\max} = 0$ である場合には線形化方程式 (7.9) だけからは安定性を判別できない. このときには, 次項に述べる手法 (Lyapunov 関数) に依って判別する.

7.2.3　Lyapunov 関数と安定性定理

本項では平衡点まわりの安定性を詳しく考察するため, **Lyapunov (リアプノフ) 関数**に基づいた安定性について議論する.

定義 7.2 (Lyapunov 関数)　方程式 (7.1) の相空間において, 解 $\mathbf{y}(t)$ に対して定義される実連続関数 $V(\mathbf{y}(t))$ を考える. $V(\mathbf{y}(t))$ が t に対して広義の単調減少, すなわち

$$\frac{d}{dt} V(\mathbf{y}(t)) \leq 0 \tag{7.16}$$

であるとき $V(\mathbf{y})$ を Lyapunov 関数であるという. また, 狭義の単調減少

$$\frac{d}{dt}V(\mathbf{y}(t)) < 0 \tag{7.17}$$

であるとき $V(\mathbf{y})$ を狭義の Lyapunov 関数であるという.

Lyapunov 関数を考えると, 以下のようにして平衡点の安定性が議論できる.

定理 7.6 方程式 (7.1) の平衡点 $\mathbf{y} = \mathbf{a}$ を含む相空間のある領域を U とする. 領域 U において

$$V(\mathbf{y}) = \begin{cases} V(\mathbf{y}) > 0 & (\mathbf{y} \neq \mathbf{a}) \\ V(\mathbf{y}) = 0 & (\mathbf{y} = \mathbf{a}) \end{cases} \tag{7.18}$$

を満たし, かつ式 (7.16) を満たす Lyapunov 関数 $V(\mathbf{y})$ が存在すれば, 平衡点 $\mathbf{y} = \mathbf{a}$ は安定である.

定理 7.7 平衡点を含む領域 U において, 式 (7.18) を満たし, かつ式 (7.17) を満たす狭義の Lyapunov 関数 $V(\mathbf{y})$ が存在すれば, 平衡点 $\mathbf{y} = \mathbf{a}$ は漸近安定である.

例題 7.2 連立微分方程式

$$\frac{d}{dt}\begin{pmatrix} y_1 \\ y_2 \end{pmatrix} = \begin{pmatrix} y_1(y_2 - 1) \\ y_1^2 - y_2 \end{pmatrix} \tag{7.19}$$

に対し

$$V(y_1, y_2) = y_1^2 - y_1^2 y_2 + \frac{1}{2}y_2^2 \tag{7.20}$$

が Lyapunov 関数を与えることを確かめよ.   ◁

(解) 例題 7.1 より, 方程式 (7.19) の平衡点は $(y_1, y_2) = (0, 0)$, $(1, 1)$, $(1, -1)$ であるが, $(y_1, y_2) = (0, 0)$ に対してのみ, $V(y_1, y_2) = 0$ が成り立つ. また

$$V(y_1, y_2) = y_1^2 - \frac{1}{2}y_1^4 + \frac{1}{2}(y_1^2 - y_2)^2 \tag{7.21}$$

と書けるので, $-\sqrt{2} \leq y_1 \leq \sqrt{2}$ であれば, $V(y_1, y_2) \geq 0$ であることがわかる. したがって, 平衡点 $(y_1, y_2) = (0, 0)$ の近傍において式 (7.18) が成り立っている. さらに, 式 (7.19) より

$$\frac{d}{dt}V(y_1, y_2) = -2y_1^2(1 - y_2)^2 - (y_1^2 - y_2)^2 \tag{7.22}$$

となり，式 (7.17) を満たす．このことから，定理 7.7 より平衡点 $(y_1, y_2) = (0, 0)$ は漸近安定であるといえる．

注意 7.2 方程式 (7.1) に対する Lyapunov 関数を見つけるための系統的な手法は存在せず，また必ずしも Lyapunov 関数が存在するとは限らない．しかしながら，もし存在すれば定理 7.6 で述べたように平衡点が安定であることがいえる．　　◁

7.3 2 成分線形系の相図

7.3.1 平衡点の分類

前節において，平衡点の安定性に対する基本的分類 (定義 7.1) について学んだ．しかし，これだけでは平衡点まわりの解曲線の多様性を特徴づけるには不十分である．このため本節では，定数係数 2 元連立線形微分方程式

$$\frac{d}{dt} \begin{pmatrix} x_1 \\ x_2 \end{pmatrix} = A \begin{pmatrix} x_1 \\ x_2 \end{pmatrix}, \quad A = \begin{pmatrix} a_{11} & a_{12} \\ a_{21} & a_{22} \end{pmatrix} \tag{7.23}$$

の平衡点 $[(x_1, x_2) = (0, 0)]$ まわりの解の振る舞いについて詳しく考察しよう．ここで，係数 a_{ij} は実定数とする．A の固有値を λ_1, λ_2 とし，主にその違いによって以下のように分類する．

[**I**] 結節点 (λ_1, λ_2：異なる実数，$\lambda_1 \lambda_2 > 0$)

2 つの固有値が異なる実数の場合，A は対角化できるので，方程式 (7.23) の一般解は式 (6.36) より

$$\mathbf{x}(t) = C_1 e^{\lambda_1 t} \mathbf{u}_1 + C_2 e^{\lambda_2 t} \mathbf{u}_2 \tag{7.24}$$

で与えられる．ここで $\mathbf{u}_i, C_i$ $(i = 1, 2)$ はそれぞれ，固有ベクトル，任意定数である．$(\mathbf{u}_1, \mathbf{u}_2)$ を基底ベクトルとする斜交座標系 (ξ_1, ξ_2) で考えれば，$\xi_1 = C_1 e^{\lambda_1 t}$，$\xi_2 = C_2 e^{\lambda_2 t}$ であるから

$$\xi_2 = C |\xi_1|^{\lambda_2 / \lambda_1} \quad (\text{あるいは} \ \xi_1 = 0) \tag{7.25}$$

という関係が成り立つ（C はある定数）．$\lambda_1 \lambda_2 > 0$ である場合の平衡点を**結節点**とよび，典型的な例を図 7.3(a) に示す．解曲線は各 (1～4) 象限内，あるいは座標軸上に留まり，一端が原点に漸近する．もう一端は座標軸上になければ，無限遠

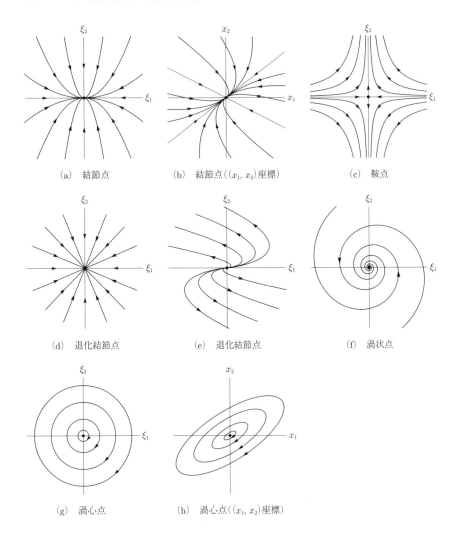

(a) 結節点　　(b) 結節点（(x_1, x_2)座標）　　(c) 鞍点

(d) 退化結節点　　(e) 退化結節点　　(f) 渦状点

(g) 渦心点　　(h) 渦心点（(x_1, x_2)座標）

図 **7.3**　2 成分線形系の平衡点の分類.

で ξ_1, ξ_2 軸から離れるという性質をもつ. 解曲線の時間発展の方向によって λ_1, $\lambda_2 < 0$ の場合を安定結節点 (漸近安定), $\lambda_1, \lambda_2 > 0$ の場合を不安定結節点 (不安定) とよんでいる. (ξ_1, ξ_2) 座標からもとの (x_1, x_2) 座標に戻す 1 次変換によって図 7.3(a) から写された図の一例を図 7.3(b) に示す. このとき図 7.3(a) がもってい

た軸対称性は失われている.

[**II**] 鞍点 (λ_1, λ_2 : 異なる実数, $\lambda_1\lambda_2 < 0$)

固有値が 2 つの異なる実数で, $\lambda_1\lambda_2 < 0$ となる場合の平衡点を**鞍点** (鞍形点) とよんでいる. 解曲線は結節点の場合と同じ式 (7.24) あるいは式 (7.25) で表される. (ξ_1, ξ_2) 座標中での解曲線は各 (1〜4) 象限内に留まり, 一端は ξ_1 軸に漸近し, もう一端が ξ_2 に漸近する. あるいは座標軸上にある場合はその上に留まる (図 7.3(c)). 鞍点は不安定な平衡点である.

[**III**] 退化結節点 (λ_1 ($= \lambda_2 \neq 0$) : 重解)

行列 A の固有値が重解 (実数) である場合を考える. まず, A が対角化できる場合の解曲線は, 式 (7.25) で $\lambda_2 = \lambda_1$ とおいて

$$\xi_2 = C\xi_1 \quad (あるいは \ \xi_1 = 0) \tag{7.26}$$

と書ける (定数 C に $|\xi_1|$ の絶対値の符号変化を含めている). この場合の平衡点を**退化結節点**とよんでいる (図 7.3(d)). $\lambda_1 < 0$ ならば平衡点は漸近安定, $\lambda_1 > 0$ ならば不安定である.

一方, A が対角化できない (Jordan 標準形にできる) 場合, 式 (6.53), (6.54) から解は

$$\mathbf{x}(t) = C_1 e^{\lambda_1 t}\mathbf{u}_1 + C_2 e^{\lambda_1 t}(\mathbf{u}_2 + t\mathbf{u}_1) \tag{7.27}$$

で与えられる. (ξ_1, ξ_2) 座標では, $\xi_1 = (C_1 + C_2 t)e^{\lambda_1 t}$, $\xi_2 = C_2 e^{\lambda_1 t}$ となるので

$$\xi_1 = \xi_2(C + \frac{1}{\lambda_1} \log|\xi_2|) \quad (あるいは \ \xi_2 = 0) \tag{7.28}$$

が得られる (C は定数). この場合も退化結節点とよばれており, $\lambda_1 < 0$ ならば平衡点は漸近安定, $\lambda_1 > 0$ ならば不安定である (図 7.3(e)).

[**IV**] 渦状点 (λ_1, λ_2 ($= \lambda_1^*$) : 共役な複素数, $\mathrm{Re}[\lambda_1] \neq 0$)

固有値が共役な複素数である場合にも, 方程式 (7.23) の一般解は式 (7.24) の形で与えられるが, $\lambda_1 = \mu_1 + \mathrm{i}\nu_1$ ($= \lambda_2^*$), $\mathbf{u}_1 = \mathbf{u}_1' + \mathrm{i}\mathbf{u}_2'$ ($= \mathbf{u}_2^*$), $C_1 = (C - \mathrm{i}C')/2$ ($= C_2^*$) とおけば,

$$\begin{aligned}\mathbf{x}(t) &= C_1 e^{\lambda_1 t}\mathbf{u}_1 + C_2 e^{\lambda_2 t}\mathbf{u}_2 \\ &= e^{\mu_1 t}(C\cos\nu_1 t + C'\sin\nu_1 t)\mathbf{u}_1' + e^{\mu_1 t}(-C\sin\nu_1 t + C'\cos\nu_1 t)\mathbf{u}_2'\end{aligned} \tag{7.29}$$

と書き直せる. このとき $(\mathbf{u}_1', \mathbf{u}_2')$ を基底ベクトルとする斜交座標系 (ξ_1, ξ_2) で考えれば

$$\xi_1 + \mathrm{i}\xi_2 = (C + \mathrm{i}C')\, e^{(\mu_1 - \mathrm{i}\nu_1)t} \quad [\xi_1^2 + \xi_2^2 = (C^2 + C'^2)e^{2\mu_1 t}] \quad (7.30)$$

という関係が成り立つ. この場合の平衡点を**渦状点**とよんでいる (図 7.3(f)). すなわち, (ξ_1, ξ_2) 座標上では対数螺旋で表されている. $\mu_1 < 0$ の場合を安定渦状点, $\mu_1 > 0$ の場合を不安定渦状点とよぶ.

[**V**] 渦心点 $(\lambda_1, \lambda_2\ (= \lambda_1^*))$: 共役な複素数, $\mathrm{Re}\,[\lambda_1] = 0)$

　固有値が共役な純虚数であるとき, 一般解は式 (7.29) で $\mu_1 = 0$ と選んだ式で与えられる. このとき式 (7.30) から, (ξ_1, ξ_2) 座標での解曲線は原点を中心とする同心円

$$\xi_1 + \mathrm{i}\xi_2 = (C + \mathrm{i}C')\, e^{-\mathrm{i}\nu_1 t} \quad [\xi_1^2 + \xi_2^2 = C^2 + C'^2] \quad (7.31)$$

で表される (図 7.3(g)). この場合の平衡点を**渦心点**とよんでいる. 1 次変換によってもとの (x_1, x_2) 座標に戻せば, 図 7.3(g) は一般に図 7.3(h) のような楕円に変形される.

7.3.2　リミットサイクル

　定理 7.4 では $t \to \pm\infty$ のとき, 解曲線が相空間上のある一点に漸近するならば, それは平衡点に他ならないことを示した. 一方, 2 成分系に限定すれば, 解曲線は平衡点以外にも, 1 つの閉曲線に漸近し得ることが知られている. この閉曲線を**リミットサイクル** (極限閉軌道) とよんでいる.

定義 7.3 $N = 2$ のとき, 方程式 (7.1) の孤立した周期解をリミットサイクルとよぶ. ここで孤立した周期解とは, その近傍に別の周期解が存在しない周期解のことである.

リミットサイクルに関して, 次の定理が知られている.

定理 7.8 (Poincaré–Bendixson (ポアンカレ–ベンディクソン) の定理) $N = 2$ のとき, 方程式 (7.1) のある解曲線を $U(t)$ とする. $t > t_0\ (t_0 \in \mathbf{R})$ に対して $U(t)$ が平衡点を含まないある有限な領域に留まり続けるならば, $U(t)$ は閉曲線である

か，あるいは $t \to +\infty$ である極限閉軌道に漸近するかのいずれかに限られる．

1 つの例を考えよう．

例題 7.3 2 元連立微分方程式

$$\frac{d}{dt}\left(\begin{array}{c} y_1 \\ y_2 \end{array}\right) = \left(\begin{array}{c} y_2 + y_1(R^2 - y_1^2 - y_2^2) \\ -y_1 + y_2(R^2 - y_1^2 - y_2^2) \end{array}\right) \tag{7.32}$$

に対し，解の振る舞いを調べよ．ただし，R はある正の実数とする．　　◁

(解) 方程式 (7.32) を極座標 $(y_1 = r\cos\theta,\, y_2 = r\sin\theta)$ で書き換えると

$$\frac{dr}{dt} = r(R^2 - r^2) \tag{7.33}$$

$$\frac{d\theta}{dt} = -1 \tag{7.34}$$

となる．方程式 (7.33) に注目すると $r > 0$ の範囲で $r = R$ が平衡点となっているが，これは孤立した周期解 $r^2 = y_1^2 + y_2^2 = R^2$ に対応している．また，方程式 (7.33) の $r = R$ まわりの線形化方程式は $d\tilde{r}/dt = -2R^2\tilde{r}\ (r = R + \tilde{r})$ となるため，漸近安定となっている．よってある正の実数 δ を選んで，$t = t_0$ で領域 $[R - \delta < r < R + \delta,\, 0 \le \theta < 2\pi]$ の内部に初期値をもつ方程式 (7.32) の解が，$t > t_0$ でもその内部に留まり続けるようにすることができる．したがって，Poincaré-Bendixson の定理よりそれらは閉曲線あるいは極限閉軌道に漸近する解

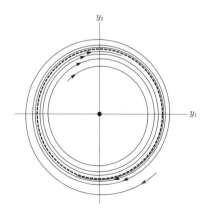

図 7.4 方程式 (7.32) の解曲線の様子．

曲線となる．実際の $r = R$ 近傍の解曲線の様子を図 7.4 に表示する．破線が周期
解 $y_1^2 + y_2^2 = R^2$ を表しており，解曲線がそこに漸近している様子がわかる．

注意 7.3 Poincaré-Bendixson の定理は $N = 2$ の場合，有限領域に留まる解曲線
は (漸近的に) 周期的挙動を示すか，あるいは平衡点に近づくかのいずれかに限ら
れることを示唆している．すなわち $N = 2$ の場合，解曲線は比較的単純なものに
限られることがわかる．一方で定理の前提条件を外した場合，例えば $N \geq 3$ のと
きや，$N = 2$ でも非自励系においてはカオスとよばれる複雑な解軌道が存在し得
ることがわかっている． ◁

参 考 文 献

[全般]

[1] 田辺行人，藤原毅夫：常微分方程式，東京大学出版会，1981.

[2] 寺沢寛一：自然科学者のための数学概論，岩波書店，1954.

[3] ポントリャーギン：常微分方程式 新版，共立出版，1968.

[4] 吉田耕作：微分方程式の解法，岩波書店，1978.

[第 1 章]

[5] 江沢洋：力学，日本評論社，2005.

[6] 山本義隆：力学と微分方程式，数学書房，2008.

[7] 高橋陽一郎：力学と微分方程式，岩波書店，2004.

[第 3 章]

[8] 山川宏：機械系の振動学，共立出版，2014.

[9] 小松敬治：スロッシング—液面揺動とタンクの振動，森北出版，2015.

[第 4 章]

[10] 犬井鉄郎：特殊関数，岩波書店，1962.

[第 5 章]

[11] 犬井鉄郎：偏微分方程式とその応用，コロナ社，1957.

[12] 小野寺嘉孝：物理のための応用数学，裳華房，1988.

[第 7 章]

[13] 三井斌友，小藤俊幸：常微分方程式の解法，共立出版，2000.

[14] 俣野博：常微分方程式入門，岩波書店，2003.

索　引

東京大学工学教程

著者の現職

佐々 成正（さㇱㇲ・なりまさ）
日本原子力研究開発機構 システム計算科学センター

井上 純一（いのうえ・じゅんいち）
物質・材料研究機構 国際ナノアーキテクトニクス研究拠点

東京大学工学教程 基礎系 数学
常微分方程式

令和 2 年 4 月 15 日 発 行

編 者	東京大学工学教程編纂委員会	
著 者	佐 々 成 正	
	井 上 純 一	
発行者	池 田 和 博	
発行所	丸善出版株式会社	

〒101-0051 東京都千代田区神田神保町二丁目17番
編集：電話 (03) 3512-3266／FAX (03) 3512-3272
営業：電話 (03) 3512-3256／FAX (03) 3512-3270
https://www.maruzen-publishing.co.jp

印刷・製本／三美印刷株式会社

ISBN 978-4-621-30504-1 C 3341   Printed in Japan